● 微分係数・導関数の定義

$$f'(x) = \lim_{h \to 0} \frac{f(x+h) - f(x)}{h}$$

● 積と商の微分

$$\left\{ f(x)g(x) \right\}' = f'(x)g(x) + f(x)g'(x)$$

$$\left\{ \frac{f(x)}{g(x)} \right\}' = \frac{f'(x)g(x) - f(x)g'(x)}{g(x)^2}$$

● 合成関数の微分

$$\left\{ f(g(x)) \right\}' = f'(g(x))g'(x)$$

● 関数 x^α の微分

$$\left(x^\alpha \right)' = \alpha\, x^{\alpha-1} \ (\alpha \text{ は実数})$$

● 指数関数・対数関数

$$\lim_{n \to \infty} \left(1 + \frac{1}{n} \right)^n = \lim_{h \to 0} (1 + h)^{\frac{1}{h}} = e$$

$$\left(e^x \right)' = e^x$$

$$\log e^x = x, \quad e^{\log x} = x \ (x > 0)$$

$$\log ab = \log a + \log b$$

$$\log \frac{a}{b} = \log a - \log b$$

$$\log a^p = p \log a$$

$$\left(\log x \right)' = \frac{1}{x}$$

● 三角関数

$$\lim_{\theta \to 0} \frac{\sin \theta}{\theta} = 1$$

$$\left(\sin x \right)' = \cos x$$

$$\left(\cos x \right)' = -\sin x$$

● 微分積分学の基本公式

$$\frac{d}{dx} \int_a^x f(t)\, dt = f(x)$$

● 基本的な関数の原始関数

関数 x^β

$(\beta \neq -1)$

指数関数，対数関数，三角関数

$$\int e^x\, dx = e^x + C$$

$$\int \log x\, dx = x \log x - x + C$$

$$\int \cos x\, dx = \sin x + C$$

$$\int \sin x\, dx = -\cos x + C$$

● 部分積分

$$\int f(x)g'(x)\, dx = f(x)g(x)$$
$$- \int f'(x)g(x)\, dx$$

● 置換積分

$$\int f(x)\, dx = \int f(g(t))g'(t)\, dt$$
$$\left(x = g(t) \right)$$

$$\int f(g(x))g'(x)\, dx = F(g(x)) + C$$
$$\left(\text{ただし } F'(x) = f(x) \right)$$

考える力 をつけるための

微積分
教科書
増補版

小藤 俊幸 著

学術図書出版社

増補版へのまえがき

　初版の出版から 4 年が経過し，その間に，高校では，新しい学習指導要領のもとでの数学教育が始まった．「数学 A」の「場合の数と確率」の単元に，平成 21 年の改訂で「数学 B」に移行されていた「期待値」が戻った．また，「数学 B」の「確率分布と統計的な推測」の単元は，大学入学共通テストで重要な内容となり，これまでのように「あまり多くの生徒が学習しない内容」ではなくなった．そうした状況に対応できるように，第 5 章「積分はデータ分析の基礎」を大幅に書き直したのが本増補版である．

　本書は，もともと，高校までの学習内容を大学入学後の学習に滑らかに接続することを意図して書かれている．新たな第 5 章も，扱っている確率変数の性質自体は，「数学 B」の範囲を超えるものではない．データ分析で用いられる基本的な手法について，高校で「数学 B」の「確率分布と統計的な推測」を学ばなかった学生でも無理なく理解できるように説明している．「数学 B」との大きな違いは，こうした手法の数学的な基礎をより明確に述べているところであろう．具体的には，高校の数学では教えられることのない確率変数の分布関数を紹介し，分布関数に基づいたスティルチェス積分と呼ばれる一般的な積分概念を用いて，確率変数の期待値を定義している．これにより，いわゆる離散型確率変数と連続型確率変数とを統一的に扱うことができる．第 5 章全体を通じて，章のタイトル「積分はデータ分析の基礎」の意味，意義を実感してもらえるものと考えている．

　改訂原稿は，分担して対応する授業を担当して頂いている南山大学理工学部教授小市俊悟先生，ティーチング・アシスタントをお願いしている大学院生の都竹凜花さん（数理統計学を専攻），ゼミの 4 年生の大杉有貴瞳さんに読んで頂き，いろいろな意見を頂戴した．本増補版についても，学術図書出版社の貝沼稔夫さんにお世話になった．この方たちをはじめとし，「新しい微積分の授業」にご協力頂いた学生や同僚の皆様にあらためて感謝したい．

2024 年 1 月

小藤 俊幸

まえがき

　私が所属する大学では，2017 年から 1 年生の微分積分学の授業内容を，集合，論理，写像，確率などの数学の基礎事項から物理やデータ分析などの応用の初歩までを含む総合的な内容へ変更した．本書は，その最初の 1 学期分（本学はクォーター制をとっているので 2 クォーター分）の授業内容をまとめたものである．各節がほぼ 1 回の授業に対応している．時代の流れには逆らえず，リメディアル教育が必要になってきたことが変更の背景にあり，高校の数学や物理の内容を多く含むものとなった．しかし，そうした教育が必要なのは「成績の良くない学生」に限らないように思われる．受験に必要のない内容を勉強してこなかった学生や，より根本的には，教科書や講義資料などの「書かれたもの」を自分で読んで勉強する習慣が身についていない学生が数多く見受けられる．おととし，新井紀子さんの『AI vs. 教科書が読めない子どもたち』（東洋経済新報社）という本が出版されて話題になったが，教育に携わる多くの人たちが「うすうす感じていたこと」を，問題意識として明確に提示されたように思う．「教科書が読めない子どもたち」は，昨日今日始まったことではないだろう．ただし，目に余るようになってきたのは，スマホの操作 1 つで手軽に情報が得られるようになったことと無縁ではないと思う．

　高校の数学に限ると，教科書が読めるか読めないか以前に，教科書を読んだことがない学生がかなりの数に上ると思われる．理由は単純で，読む必要がないからである．教科書の内容は，学校や学習塾の先生がわかりやすく教えてくれる．問題を解くだけならば，要点を要領よくまとめた学習参考書が他にいくらでもある．教科書を読まない生徒がいても一向に不思議はない．結果，数学の試験などでは一定レベルの成績を上げるが，大学で勉強するための基礎的な能力が身についていない学生が入学してくることになる．そうした学生は，学年が進むにつれて苦労する．1 年生のうちは，学習内容も基礎的なものが多いため，あまり問題にならないが，2 年 3 年と進級して，大半が専門科目となり，進度もはやくなると，そのことが顕著に表れる．先生もそれほど懇切丁寧に教えてくれるわけではない．大学で勉強するためには，やはり「自分で学ぶ力」が重要である．

　本書は，微積分という比較的なじみのある数学を学ぶことを通じて，新入生たちに，大学でさらに進んだ勉強をするための準備をしてもらうことを意図している．モットーは "Festīna lente（ゆっくり急げ）" である．基礎を重視しつつ，応用を志向するという意味である．数学に限らず，理系の学問は「積み上げ」が大切である．きちんとした基礎の上に積み上げていかないと，「砂上の楼閣」となって，崩れ去ることになる．第 1 章と第 2 章はかなりの部分を高校の数学や物理の復習にあてている．本学に入学してくる学生の多くが，高校までにすでに多くの重要で有益な内

容を学んでいるのにもかかわらず，そのことを自覚していない．そうした自覚を促す意味でも復習が重要であると考えた．人間，一度学んだことも，使わないでいると，きれいさっぱり忘れてしまう．常に「忘れない努力」が必要である．第3章から最後の第5章は，応用を志向したものとなっている．現実的な問題の解決に数学を応用するためには，情報技術の利用は必要不可欠である．そうした方向性は感じとってもらえるものと思う．新入生が，本書を「踏み台」にして，さらに高度な勉強へと進み，「AIに負けない人材」に育ってくれることを切に願う．

　ゼミの4年生だった一色咲希さんに最初の原稿を真っ先に見てもらった．成績優秀で表彰されたこともある真面目な学生である．ただし，学業に特別な執着はない良識ある極めてフツーのお嬢さんである．本学は，こうした良家の子女に支えられている．他に類を見ない教科書ということで，「学生からの反応」が心配だったのだが（「新しい微積分の授業」は一色さんが2年生のときに始めたため，一色さん自身はその授業を受けていない），一色さんから無事「合格点」をもらい，ほっとした．学術図書出版社の貝沼稔夫さんは，シラバスからユニークな授業をしていることをお知りになり，教科書にまとめてみないかと声をかけてくださった．打合せの中で「大学初年級の教育も，時代の流れに合わせて変えていかないければいけない」という気持ちをくみとって頂いたように思う．貝沼さんを通じて，他大学にも同じような考えをお持ちの先生方がいらっしゃることを知り，大いに勇気づけられた．本学理工学部教授 杉浦洋先生は，校正刷りを丁寧に読んでくださり，さまざまな示唆を与えてくださった．三人をはじめとし，「新しい微積分の授業」にさまざまな形で協力してくださった学生や同僚のみなさんに感謝したい．

2020年8月

小藤 俊幸

目　　次

第 1 章

集合の使い方

1.1 確率 ——事象は集合で表される——

1.1.1 集合の基礎

ある条件（性質）により，他のものから明瞭に区別できるものの集まりを**集合** (set) という．集合の考え方は，次のような点から有用である．

(1) いろいろな数学的対象に統一的な見方を与える．

(2) ベン図などを通じ，抽象的な概念を視覚的に捉えることができる．

集合を構成する個々の対象を集合の**要素**，あるいは，**元**（いずれも element の訳語）と呼び，要素 a が集合 A に属することを「$a \in A$」と表す．記号 $\in$ は element の e に由来する．よく使われる記号として，$\mathbb{R}$（実数全体の集合），$\mathbb{C}$（複素数全体の集合），$\mathbb{N}$（自然数全体の集合），$\mathbb{Z}$（整数全体の集合）がある．これらは黒板太字 (blackboard bold) という特殊な書体である．なお，大学の数学では，等号付きの不等号を「≦, ≧」ではなく「≤, ≥」と書くことが多い．また，分数 $\frac{a}{b}$ を a/b のように書くことも多い．ちなみに，空集合の記号 $\emptyset$ はノルウェー語の母音（「ウ～」と吐きそうなときのような音）を表す文字である．ギリシア文字の ϕ（ファイ）ではないのだが，（ノルウェー語の $\emptyset$ の発音がよくわからないこともあって）ϕ で代用することもある．

集合には，要素が満たす条件を記述する表し方（**内包的記法**と呼ばれる）と要素を具体的に表示する表し方（**外延的記法**と呼ばれる）の 2 つの表現方法がある．例えば，$A = \{x \mid x$ は 5 以下の自然数$\}$ は内包的記法，$A = \{1, 2, 3, 4, 5\}$ は外延的記法である．無限集合（無限個の要素からなる集合）の場合，要素をすべて表示することは不可能なので，外延的記法という言葉の意味があいまいである．自然数の集合 $\mathbb{N} = \{1, 2, 3, \ldots\}$ のような書き方や直線がパラメータ（媒介変数）表示で表されている場合は，外延的記法がなされていると考えることにする．「方程式の解を求める」，「直線のパラメータ（媒介変数）表示を求める」，などは，「内包的記法で表された集合の外延的記法による表現を求めること」とみなすことができる．

例題 1.1　内包的記法で表された次の集合を外延的記法で表せ．x, y は実数とする．

(1) $A = \{x \mid x^3 - 2x^2 - x + 2 = 0\}$　　**(2)** $B = \{(x, y) \mid 3x - 4y + 5 = 0\}$

解 **(1)** $x^3 - 2x^2 - x + 2 = (x-1)(x^2 - x - 2) = (x-1)(x+1)(x-2)$ より，$A = \{-1, 1, 2\}$

> と表される．　**(2)** $x = t$ とおくと，$3x - 4y + 5 = 0$ より，$y = \dfrac{3t+5}{4}$ と書けることか
> ら，$B = \left\{ \left(t, \dfrac{3t+5}{4} \right) \,\middle|\, t \in \mathbb{R} \right\}$ と表される．

A, B を集合とする．A のすべての要素が B の要素である，すなわち，「$x \in A$ ならば $x \in B$」が成り立つとき，A は B の**部分集合** (subset) であるといい，$A \subset B$ のように表す．下の右図の $\times$ のように B の要素ではない A の要素が1つでもあれば，$A \not\subset B$ である．

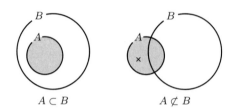

$$A \subset B \qquad\qquad A \not\subset B$$

例題 1.2　$A = \{ n(n+1) \mid n \in \mathbb{N} \}$，$B = \{ 2n \mid n \in \mathbb{N} \}$ とするとき，$A \subset B$ かつ $B \not\subset A$ であることを示せ．

解　$x \in A$ とすると，$x = n(n+1) \ (n \in \mathbb{N})$ と表せる．さらに，n は $n = 2k \ (k \in \mathbb{N})$，あるいは，$n = 2k - 1 \ (k \in \mathbb{N})$ と表せる．まず，$n = 2k$ のとき，$x = 2\{k(2k+1)\}$ となり，$k(2k+1) \in \mathbb{N}$ より，$x \in B$ である．同様に，$n = 2k - 1$ のとき，$x = 2\{(2k-1)k\} \in B$ である．したがって，$A \subset B$ が成り立つ．

一方，$4 = 2 \cdot 2 \in B$ は，どのような $n \in \mathbb{N}$ を選んでも $n(n+1)$ の形に表せない．実際，$n(n+1) = 4$ とおくと，$n = \dfrac{-1 \pm \sqrt{17}}{2}$ となって，これは整数ではない．したがって，$4 \in B$ かつ $4 \notin A$ であるから，$B \not\subset A$ である．

A と B の少なくとも一方に属する要素からなる集合を $A \cup B$ と表し，A と B の**和集合**，あるいは，A と B の**結び** (join) という．また，A に属し，B には属さない要素からなる集合を $A - B$，B に属し，A には属さない要素からなる集合を $B - A$ と表し，**差集合**という．さらに，A と B の両方に属する要素からなる集合を $A \cap B$ と表し，A と B の**共通集合**，あるいは，A と B の**交わり** (meet) という．**積集合**ということもある．差集合は $A - B = A - (A \cap B)$ のようにも表される．記号 $\cup$ には，カップ (cup)，記号 $\cap$ には，キャップ (cap) という読み方があるが，馴染めない学生が多いようである．コーヒーカップ（$\cup$）もひっくりかえせば $\cap$ の形になってしまうので，混乱するのではないかと思う．無理をせず，記号「$A \cup B$」は「A と B の和集合」，記号「$A \cap B$」は「A と B の共通集合」と読めばよいだろう．各集合を内包的記法で表すと，次のようになる．

$$A \cup B = \{ x \mid x \in A \text{ または } x \in B \}, \quad A - B = \{ x \mid x \in A \text{ かつ } x \notin B \}$$

$$B - A = \{ x \mid x \notin A \text{ かつ } x \in B \}, \quad A \cap B = \{ x \mid x \in A \text{ かつ } x \in B \}$$

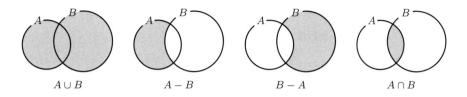

$$A \cup B \qquad A - B \qquad B - A \qquad A \cap B$$

U を全体集合とするとき，$U - A$ は A の**補集合** (complement) である．補集合は $\overline{A}$ ではなく，A^c と表すことが多い．

> **例 1.1** $A = \{1, 2, 4, 5, 7, 8, 9\}$, $B = \{1, 3, 4, 6, 7, 9\}$ のとき
>
> $$A \cup B = \{1, 2, 3, 4, 5, 6, 7, 8, 9\}$$
>
> $$A - B = \{2, 5, 8\}, \quad B - A = \{3, 6\}$$
>
> $$A \cap B = \{1, 4, 7, 9\}$$
>
> となる（図の欠けている数字は各自で補え）．

要素が有限個の集合を有限集合といい，有限集合 A の要素の個数を $n(A)$ と表す（$|A|$ や $\sharp A$ のように書くこともある）．A, B が有限集合の場合，$n(A \cup B) = n(A - B) + n(B - A) + n(A \cap B) = \{n(A) - n(A \cap B)\} + \{n(B) - n(A \cap B)\} + n(A \cap B)$ と変形され，

$$n(A \cup B) = n(A) + n(B) - n(A \cap B) \tag{1.1}$$

が成り立つ．

1.1.2 標本空間

ある試行（同じ条件で繰り返すことができ，結果が偶然によって決まる実験など）の起こりうる結果全体の集合を**標本空間** (sample space) といい，通常，Ω（ギリシア文字オメガの大文字）で表す．要素も ω（オメガの小文字）で表すことが多い．例えば，1 つサイコロを振る試行の場合，$\Omega = \{1, 2, 3, 4, 5, 6\}$，2 つのコインを投げる試行の場合，

$$\Omega = \{(H, H), (H, T), (T, H), (T, T)\}$$

である．H は head（表）を，T は tail（裏）を表す．右図のようなルーレット（矢が自由に回転して，ランダムに目盛りを指すものと思ってほしい）をまわす試行では，$\Omega = \{\omega \mid \omega \in \mathbb{R}, 0 \le \omega < 1\}$，すなわち，区間 $[0, 1)$ となる．

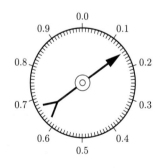

事象 (event) は「試行の結果起こる事柄」とされる．わかったようなわからないような「定義」であるが，起こりうる結果の集まりのことをいい，標本空間 Ω の部分集合で表される．

> **例 1.2** 1 つサイコロを振る試行の場合，$A = \{1, 3, 5\}$（奇数の目が出る）や $B = \{5, 6\}$（5 以上の目が出る）などが事象である．

以下，事象と部分集合を同一視する．

A, B を事象とするとき，$A \cup B$ を**和事象**，$A \cap B$ を**積事象**という．また，Ω を全体集合とする補集合 $A^c = \Omega - A$ を A の**余事象** (complementary event) という.

標本空間 Ω が有限集合であって，根元事象（$\{\omega\}$, $\omega \in \Omega$ の形の事象）の起こる確率がすべて等しい場合，事象 A の確率は

$$P(A) = \frac{n(A)}{n(\Omega)} \tag{1.2}$$

で与えられる．集合の個数の関係式 (1.1) の両辺を $n(\Omega)$ で割ると，

$$P(A \cup B) = P(A) + P(B) - P(A \cap B) \tag{1.3}$$

が得られる．特に，$A \cap B = \emptyset$（A, B は互いに排反であるという）のとき，$P(A \cup B) = P(A) + P(B)$ が成り立ち，$B = A^c$ とおくと，$A \cup A^c = \Omega$, $A \cap A^c = \emptyset$, $P(\Omega) = 1$ より，

$$P(A^c) = 1 - P(A) \tag{1.4}$$

が成り立つ.

さらに，$B \neq \emptyset$ とするとき，事象 B が起こったときに事象 A が起こる**条件付き確率** (conditional probability) が

$$P(A|B) = \frac{n(A \cap B)}{n(B)} \tag{1.5}$$

で定められる．$P(A|B)$ は（「数学 A」の）$P_B(A)$ と同じ意味の記号である．
A, B を並べる順番が英語 (the probability of A under the condition B) の語順になっていることに注意しよう．記号 "$A|B$" から，分数（A が分子で B が分母）をイメージして，条件付き確率の定義式 (1.5) と結びつけるのがよいと思う．前提条件が複雑な場合は，こちらのほうがわかりやすい．例えば，「$B^c \cup C$ のもとで A が起こる確率」は $P_{B^c \cup C}(A)$ より $P(A|B^c \cup C)$ のほうが読みやすい．$P(A|B)$ は，(1.5) の右辺の分子分母を $n(\Omega)$ で割って，$P(A|B) = P(A \cap B)/P(B)$ と書き直されることから，次が成り立つ.

$$P(A \cap B) = P(A|B)P(B) \tag{1.6}$$

例 1.2 の A, B の場合，$P(A) = \dfrac{3}{6} = \dfrac{1}{2}$, $P(B) = \dfrac{2}{6} = \dfrac{1}{3}$ である．$A \cap B = \{5\}$ より，$P(A \cap B) = \dfrac{1}{6}$ である．公式 (1.3) を使って，$P(A \cup B)$ を計算すると，

$$P(A \cup B) = \frac{1}{2} + \frac{1}{3} - \frac{1}{6} = \frac{2}{3}$$

となる．また，公式 (1.6) を使って $P(A|B)$ を計算すると，次のようになる.

$$P(A|B) = \frac{P(A \cap B)}{P(B)} = \left(\frac{1}{6}\right) \bigg/ \left(\frac{1}{3}\right) = \frac{1}{2}$$

一般には，公式 (1.6) で条件付き確率を定める．条件付き確率は，例えば，次のような場合に用いられる.

例題 1.3 ※1 すべての電子メールのうちの 10 % が迷惑メールであるとする．また，迷惑メールが単語「セール」を含む確率が 20 %，通常のメールが単語「セール」を含む確率が 5 % であるとする．

(1) 1 通のメールを選んだとき，それが単語「セール」を含む確率を求めよ．

(2) 1 通のメールを選んだとき，単語「セール」を含んでいた．これが迷惑メールである確率を求めよ．

解 すべての電子メールの集合 Ω が確定しているとし（例えば，サキがある時刻までに受け取ったメール全体を考える），$A \subset \Omega$ を迷惑メールの集合（サキが迷惑だと思えば，迷惑メールである．うるさい指導教員からのメールは大半が A に分類されていると思う．），$B \subset \Omega$ を単語「セール」を含むメールの集合とする．電子メールをランダムに 1 つ選ぶ試行を考えて，A, B を事象とみなすと，まず，「すべての電子メールのうちの 10 % が迷惑メール」より，$P(A) = n(A)/n(\Omega) = 1/10$ であり，余事象の確率の公式 (1.4) から，$P(A^c) = 1 - 1/10 = 9/10$ となる．さらに，「迷惑メールが単語セールを含む確率が 20 %」より，$P(B|A) = n(B \cap A)/n(A) = 1/5$，「通常のメールが単語セールを含む確率が 5 %」より，$P(B|A^c) = n(B \cap A^c)/n(A^c) = 1/20$ である．

(1) $B = (B \cap A) \cup (B \cap A^c)$ と排反事象の和事象で表されることから，

$$P(B) = P(B \cap A) + P(B \cap A^c)$$
$$\downarrow (1.6)$$
$$= P(B|A)P(A) + P(B|A^c)P(A^c)$$
$$= \frac{1}{5} \cdot \frac{1}{10} + \frac{1}{20} \cdot \frac{9}{10} = \frac{13}{200} = 0.065,$$

すなわち，6.5 % である．

(2) $P(A|B) = \dfrac{P(A \cap B)}{P(B)} = \dfrac{P(B|A)P(A)}{P(B)} = \left(\dfrac{1}{50}\right) \Big/ \left(\dfrac{13}{200}\right) = \dfrac{4}{13} = 0.307692 \cdots$

となり，約 31 % である．

問 題 1.1

問 1 内包的記法（条件の記述）で表された集合を外延的記法（要素の表示）で表せ．

(1) $A = \{x \mid x^3 - 4x^2 + 5x - 2 = 0\}$　　**(2)** $B = \{(x, y) \mid x, y \in \mathbb{N}, 5x + 3y = 64\}$

ヒント (2) 条件の式を $3y = 64 - 5x$ と書き直す．$\mathbb{N}$ は自然数全体の集合 $\mathbb{N} = \{1, 2, 3, \dots\}$ を表す．

※1 2019 年に北星学園大学（札幌市にあるプロテスタント系の大学）で出題された入試問題である．「そもそも，すべての電子メールの集合などというものが考えられるのか（日本国内だけでも，日々，膨大な量の電子メールがやりとりされている）」，「迷惑メールとそうでないメールとは明確に区別できるのか」など，いろいろ考えさせられて興味深いので取り上げた．ただし，数学の活用には大らかさも必要であろう．

問2 $A = \{36x + 60y \mid x, y$ は整数 $\}$, $B = \{12n \mid n$ は整数 $\}$ とするとき,$A = B$ であること を示せ.

ヒント $A \subset B$ かつ $B \subset A$ を(「$z \in A$ ならば $z \in B$」と「$z \in B$ ならば $z \in A$」を)示す.後者 を示す際に,任意の整数 n が $n = 3 \cdot (2n) + 5 \cdot (-n)$ と表されることに着目するとよい.

問3 $U = \{1, 2, 3, 4, 5, 6, 7, 8, 9\}$ を全体集合とする.U の部分集合 A, B が
$$A^c \cap B^c = \{1, 3\} \cdots \text{①} \qquad A \cup B^c = \{1, 2, 3, 6, 7, 8\} \cdots \text{②}$$
を満たすとき,集合 A を求めよ.

ヒントと注意 ド・モルガンの法則(次節参照)を用いるとよい.問題の条件から,集合 B は1つに 定まらない.余力があれば,条件を満たすような B がいくつあるか考えてみよう.

問4 2つのサイコロを同時に投げる試行において,出た目の和が5以下である事象を A と し,出た目がともに奇数である事象を B とする.また,標本空間を $\Omega = \{(x, y) \mid x, y$ は1以上6以下の整数 $\}$ とするとき,以下の問いに答えよ.

(1) 事象 A を Ω の部分集合で表せ(外延的記法で表せ).

(2) 確率 $P(A)$ を求めよ.

(3) 確率 $P(B)$ を求めよ.

(4) 和事象 $A \cup B$ の確率 $P(A \cup B)$ を求めよ.

(5) A が起こったもとで B が起こる条件付き確率 $P(B \mid A)$ を求めよ.

問5 ある地域では,住民の 0.5% がある種の病原菌に感染しているという.また,病原菌の検査 試薬があり,この試薬には,病原菌に感染しているのに誤って陰性と判定する確率が 2%, 感染していないのに誤って陽性と判定する確率が 2% ある.以上を,確率の用語を使って 表すと,次のようになる.住民が病原菌に感染しているという事象を A とするとき,A が 起こる確率は $P(A) = 0.005$ である.検査結果が陽性であるという事象を E とするとき, 病原菌に感染しているのに陰性と判定される確率は $P(E^c \mid A) = 0.02$ であり,感染してい ないのに陽性と判定される確率は $P(E \mid A^c) = 0.02$ である.

(1) 陽性と判定される確率 $P(E)$ を求めよ.

(2) 陽性だったときに,実際に病原菌に感染している確率 $P(A \mid E)$ を求めよ.

(3) p を $0 \leq p \leq 1$ の実数とし,上の「$P(E^c \mid A) = P(E \mid A^c) = 0.02$」の条件を 「$P(E^c \mid A) = P(E \mid A^c) = p$」で置き換える.感染率 $P(A) = 0.005$ は同じものとして, $P(A \mid E) \geq 0.8$(陽性と判定されたとき,実際に感染している確率が 80% 以上)となる p の範囲を求めよ

ヒント (1) $(A \cap E) \cup (A^c \cap E) = E$, $(A \cap E) \cap (A^c \cap E) = \emptyset$ より,$P(E) = P(A \cap E) + P(A^c \cap E)$ が成り立つ.また,$P(E \mid A) + P(E^c \mid A) = 1$ である.

1.2 忘れてはならないド・モルガンの法則

1.2.1 命題と条件

「3 は整数である」(真),「$\sqrt{2}$ は有理数である」(偽) のように, 真偽が定まる文や式を**命題**という. また,「x は整数である」,「x は猫である」,「$x > 2$」のように変数 x に具体的な値や実例を代入すると真偽が定まる文や式を**条件**という.

変数の動く範囲 (全体集合) を U とし, 条件 p を満たす U の要素全体の集合を P とする. P は条件 p の**真理集合** (truth set) と呼ばれる. 条件 q の真理集合を Q とする. 条件 p, q に対して,「p ならば q ($p \Longrightarrow q$)」は命題となる. p をこの命題の**仮定**, q を**結論**といい, 命題「$p \Longrightarrow q$」が真であるとは, $P \subset Q$ が成り立つことをいう.

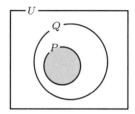
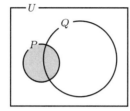
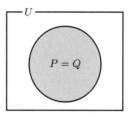

「$p \Longrightarrow q$」が真　　　　「$p \Longrightarrow q$」が偽　　　　$p \Longleftrightarrow q$

例題 1.4　x を実数とする (全体集合を実数全体の集合 $\mathbb{R}$ とする). 条件の真理集合を求め, 命題の真偽を調べよ.

(1) $|x - 1| < 2$ ならば $|x| < 3$　　　**(2)** $x^2 \leq x$ ならば $x^2 < 1$

解　**(1)** 条件 $|x - 1| < 2$ を p, 条件 $|x| < 3$ を q とする. 条件 p は $-2 < x - 1 < 2 \Rightarrow -1 < x < 3$ と書き直されることから, $P = \{x \mid -1 < x < 3\}$ と表される. 条件 q は $-3 < x < 3$ と書き直されることから, $Q = \{x \mid -3 < x < 3\}$ と表される. したがって, $P \subset Q$ より, 命題は真である.

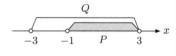

(2) 条件 $x^2 \leq x$ を p, 条件 $x^2 < 1$ を q とする. $P = \{x \mid 0 \leq x \leq 1\}$, $Q = \{x \mid -1 < x < 1\}$ より, $1 \in P$ であるが $1 \notin Q$ であることから, $P \not\subset Q$ となり, 命題は偽である.

「数学 Ⅲ」の基本的な定理「関数 $y = f(x)$ が $x = a$ で微分可能 (p) ならば, $y = f(x)$ は $x = a$ で連続 (q) である」の場合, 全体集合 U を $x = a$ の近くで定義された関数の集合とするとき, P は $x = a$ で微分可能な関数の集合, Q は $x = a$ で連続な関数の集合となる. 一般に, 命題「$p \Longrightarrow q$」が真であるとき, p を q の**十分条件**, q を p の**必要条件**という. 微分可能であることは連続であるための十分条件であり, 連続であることは微分可能であるための必要条件となる.

「$p \Longrightarrow q$」が真であって,「$q \Longrightarrow p$」も真であることを「$p \Longleftrightarrow q$」のように表す. 真理集合でいうと, 条件 p, q の真理集合が一致すること ($P = Q$) である. このとき, p, q は互いに**必要十分条件**である, あるいは, **同値**であるという.

1.2.2 ド・モルガンの法則

p, q を命題，あるいは，条件とするとき，「p かつ q」を $p \wedge q$，「p または q」を $p \vee q$ のように表す．さらに，p の否定「p でない」を $\overline{p}$ のように表す（$\neg p$ や $\sim p$ と書く場合もある）．p, q が条件（真理集合が P, Q）の場合，各条件の真理集合が次の表のように定められる．P^c は補集合 $P^c = U - P$ を表す．特に注意が必要なのは「または ($\vee$)」である．数学の「または」は，「どちらか一方（だけ）」ではなく，「少なくとも一方」を意味する．「試験範囲は教科書の第1章である」または「試験範囲は教科書の第2章である」の場合，第1章と第2章の両方から出題しても数学的には正しい（人間的にはどうかわからないが）．

条件	$p \wedge q$	$p \vee q$	$\overline{p}$
真理集合	$P \cap Q$	$P \cup Q$	P^c

集合に関するド・モルガン (A. De Morgan, 1806-1871) の法則

$$(P \cap Q)^c = P^c \cup Q^c, \qquad (P \cup Q)^c = P^c \cap Q^c \tag{1.7}$$

から，条件に関する**ド・モルガンの法則**

$$\overline{p \wedge q} \iff \overline{p} \vee \overline{q}, \qquad \overline{p \vee q} \iff \overline{p} \wedge \overline{q} \tag{1.8}$$

が導かれる．記号 $\iff$ は，前節で述べたように，両辺の条件の真理集合が一致していることを表している．

念のため，ド・モルガンの法則 $(P \cap Q)^c = P^c \cup Q^c$ の説明を図示しておく．左辺の $(P \cap Q)^c$ は $P \cap Q$ の補集合で，下の右の図のように表される．

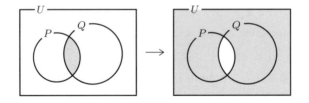

一方，右辺の $P^c \cup Q^c$ は P^c と Q^c の和集合であり，下の図から，$(P \cap Q)^c$ と一致することがわかる．

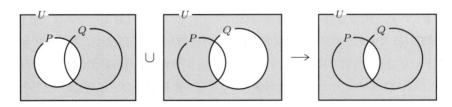

例 1.3 m, n を整数とする.

「m, n がともに奇数」の否定は「m, n の少なくとも一方が偶数」であり,

「m, n の少なくとも一方が奇数」の否定は「m, n がともに偶数」である.

条件 p の全体集合を U とするとき,「任意の $x \in U$ に対して, p が成り立つ」という命題を考えることができる. 条件 p の真理集合を P とするとき, この命題は $P = U$ を意味している. 命題を否定すると, $P^c \neq \emptyset$ となり, 逆に, $P^c \neq \emptyset$ とすると, 命題が否定される. したがって, 命題「任意の $x \in U$ に対して, p が成り立つ」の否定は,「ある $x \in U$ に対して, p が成り立たない」と同値である. 同様に,「ある $x \in U$ に対して, p が成り立つ」という命題も考えられ, その否定は「任意の $x \in U$ に対して, p が成り立たない」と同値になる.「任意の $x \in U$ に対して, p が成り立つ」を $\forall x\, p$,「ある $x \in U$ に対して, p が成り立つ」を $\exists x\, p$ のように表す. $\forall$ は all (すべての), any (任意の) の頭文字 A を, $\exists$ は exist (存在する) の頭文字 E をひっくり返して作った記号とされる. 上の関係は

$$\overline{\forall x\, p} \iff \exists x\, \overline{p}, \qquad \overline{\exists x\, p} \iff \forall x\, \overline{p} \tag{1.9}$$

のように表される. この関係も**ド・モルガンの法則**と呼ばれている.

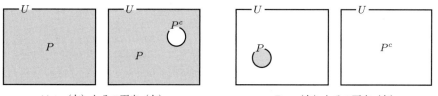

$\forall x\, p$ (左) とその否定 (右)　　　　$\exists x\, p$ (左) とその否定 (右)

記号「$\forall x$」は「任意の x に対して」と読めば, たいてい意味がわかるが, 記号「$\exists x$」は「ある x に対して」よりも「$\cdots$ となる x が存在する」と読み替えたほうがわかりやすい場合がある.

例 1.4 命題「任意の正の実数 x に対して, $x^3 - 3x + 2 > 0$ が成り立つ」を q とする. q の否定命題 $\overline{q}$ は, ド・モルガンの法則 ((1.9) の左) により,「ある正の実数 x に対して, $x^3 - 3x + 2 \leq 0$ が成り立つ」, あるいは,「$x^3 - 3x + 2 \leq 0$ が成り立つ正の実数 x が存在する」となる. $x = 1$ とおくと, $x^3 - 3x + 2 = 1 - 3 + 2 = 0$ であり, $x^3 - 3x + 2 \leq 0$ が成り立つ正の実数 x が確かに存在しているので, $\overline{q}$ は真である. したがって, もとの命題 q は偽である.

1.2.3 間接証明法 (「$p \implies q$」の証明)

命題「$p \implies q$」に対して, 命題「$\overline{q} \implies \overline{p}$」を**対偶** (contrapositive) という. $P \subset Q$ と $Q^c \subset P^c$ は同じことを表しているので (次の図参照), 命題とその対偶の真偽は一致する. 命題「$p \implies q$」を直接証明するのが難しい場合, その対偶を証明することがある.

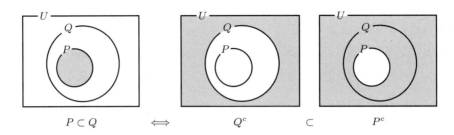

$$P \subset Q \qquad \Longleftrightarrow \qquad Q^c \quad \subset \quad P^c$$

例 1.5　「名古屋市民ならば中日ドラゴンズのファンである」の対偶は「中日ドラゴンズのファンでないならば名古屋市民ではない」である．名古屋市民でも，他球団のファンや野球に興味がない人もいるので，命題そのものは偽であろう（ジャイアンツを応援するなどということは，名古屋市民にあるまじき行為だと思うが）．

また，命題「$p \Longrightarrow q$」は「$p \wedge \bar{q}$」から矛盾を導くことによっても証明できる．これは，$P \subset Q$ を $P \cap Q^c = \emptyset$（空集合）から示すことに対応し，**背理法**と呼ばれる．

例題 1.5　次の命題を対偶を使って証明せよ（対偶を述べ，対偶が真であることを証明せよ）．ただし，n は整数，a, b, ε は実数とする．

(1) n^2 が 3 の倍数ならば，n は 3 の倍数である．

(2) $a + b > 3$ ならば，$a > 1$ または $b > 2$ である．

(3) 「任意の正の数 ε に対して，$a < b + \varepsilon$」が成り立つならば，$a \leq b$ である．

解　**(1)** 対偶は「n が 3 の倍数ではないならば，n^2 は 3 の倍数ではない」である．

（対偶の証明） n は 3 の倍数でないとすると，$n = 3k + 1$, $n = 3k - 1$ $(k \in \mathbb{Z})$ の形に書ける．$n = 3k \pm 1$ のとき，$n^2 = (3k \pm 1)^2 = 9k^2 \pm 6k + 1 = 3(3k^2 \pm 2) + 1$（複号同順）となり，$n^2$ は 3 の倍数ではない．

(2) 対偶は「$a \leq 1$ かつ $b \leq 2$ ならば，$a + b \leq 3$ である」となる．対偶が真であることは，不等号の基本的な性質からいえる．

(3) 対偶は「$a > b$ ならば，『ある正の数 ε に対して，$a \geq b + \varepsilon$』が成り立つ」となる．

（対偶の証明） 例えば，$\varepsilon = a - b$ ととると，$\varepsilon > 0$ であって，$b + \varepsilon = b + (a - b) = a$ より，$a \geq b + \varepsilon$ が成り立つ．

まとめ　間接証明法では，命題の否定を作ることが基本であり，命題の否定を作るために，しばしばド・モルガンの法則が用いられる．

問 題 1.2

問 1 x, y を実数とする．xy 平面上の図形（条件の真理集合）を用いて，次の命題の真偽を調べよ．

(1) $x^2 + y^2 < 1$ ならば $x + y < 1$

(2) $|x| \leq 1$ かつ $|y| \leq 1$ ならば $x^2 + y^2 \leq 2$

問 2 以下の空欄を埋めよ（理由も説明せよ）．

ある冬の日，大雪のため交通機関に遅れが生じ，1 時限目の授業に多くの遅刻者が出た．このことについて，3 人の学生（クルミ，ハナネ，ココロ）が次のように主張した．

クルミ：遅刻した学生は電車とバスの両方を利用していた．

ハナネ：電車もバスも利用しなかった学生は遅刻しなかった．

ココロ：電車を利用しなかった学生は遅刻しなかった．

3 人の主張の論理関係は次のようになる．　　ア　　が正しいとき，必ず　　イ　　が正しい．また，　　イ　　が正しいとき，必ず　　ウ　　が正しい．

ヒント 例えば，対偶とド・モルガンの法則を用いて，**ハナネ**と**ココロ**の主張を「遅刻した学生は……」のように書き直すとよい．

問 3 次の命題について，否定命題を述べ，その真偽を調べよ．

(1) ある自然数 x に対して，$3x^2 + 5x - 2 = 0$

(2) 任意の実数 x に対して，$2x^2 + x + 1 > 0$

問 4 次を証明せよ．

(1) 整数 n に対して，n^2 を 3 で割った余りは 0 または 1 である．

(2) 整数 a, b, c が $a^2 + b^2 = c^2$ を満たすならば，a, b, c のうち，少なくとも 1 つは 3 の倍数である．

(3) 任意に与えられた 4 つの整数 a, b, c, d から，2 つの整数を選んでその差が 3 の倍数になるようにできる．

問 5 次を証明せよ．

(1) n を自然数，$x_0, x_1, \ldots, x_n$ を閉区間 $[0, 1]$ 上の相異なる点とするとき，$|x_k - x_j| \leq \dfrac{1}{n}$ を満たす j, k $(j \neq k)$ が存在することを示せ．

(2) $\omega > 0$ を無理数とするとき，任意の自然数 n に対して，$0 < l\omega + m < \dfrac{1}{n}$ を満たす整数 l, m が存在することを示せ．

ヒント **(2)** 点 $x_k = k\omega - [k\omega]$ $(k = 0, 1, \ldots, n)$ を考える．ここで，$[x]$ は x 以下の最大の整数を表す．

1.3　昔は中高生が勉強した写像

　1990年代はじめの学習指導要領の改定で削除されるまで，写像は中学校や高等学校の学習内容だった．現在でも，中国，韓国，ベトナム，シンガポールやブラジルの子どもたちは，中学校や高等学校で写像を学んでいる．

1.3.1　写像の基礎

　A, B を集合とする．A の <u>任意の要素</u> に対して B の <u>ある1つの要素</u> への対応が定められているとき，A から B への **写像** (mapping) が定められているという．写像を表すのに，$f, g,$ φ などを用い，A から B への写像 f を $f : A \to B$ のように表す．例えば，$A = \{1, 2, 3\}$，$B = \{a, b, c\}$ の場合，下の左図のような対応が写像である．中図（要素2からの対応が定められていない），右図（要素3に2つの要素 a, c が対応している）は <u>写像ではない</u>．この場合，集合 A から B への写像の総数は，A の各要素に対して，B の要素の対応のさせ方が3通りあるので，$3 \times 3 \times 3 = 27$ である．

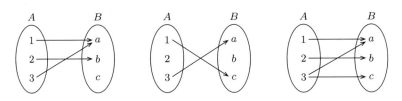

　一般に，f によって $a \in A$ が $b \in B$ に対応するとき，$b = f(a)$ と書き，b を f による a の像という．要素 a が写像によって要素 b に対応することを "$a \mapsto b$" のように特殊な矢印（縦棒の付いた矢印）で表す．この書き方にも慣れよう．さらに，A を写像 f の **定義域**，$f(A) = \{f(a) \mid a \in A\}$ で定まる B の部分集合を f の **値域** と呼ぶ．

注意 1.1 微分積分学などに現れる関数は実数の集合から実数の集合への写像である．他方，**関数** (function) という用語を写像の意味で使うこともある．これは，微分積分学の創始者の一人であるライプニッツ (G. Leibniz, 1646-1716) が，こうした対応を一般に functio（ラテン語の function）と呼んだことに基づく．function が中国で函数と訳され，函が教育漢字に入っていないためか，日本では関数と書かれるようになった．

1.3.2　合成写像

　A, B, C を集合とし，f を A から B への写像，g を B から C への写像とする．このとき，$a \in A$ に $g(f(a)) \in C$ を対応させる A から C への写像が考えられる．この写像を f と g の **合成写像** と呼び，$g \circ f$ と表す．

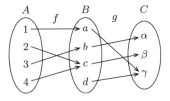

　右の図の場合，要素1は f によって a に写像され，a は g によって γ に写像される．したがって，1は $g \circ f$ によって γ に写像される．同様に，2, 3, 4 は $g \circ f$ によって，それぞれ，β，α，β に写像される．つまり，$\varphi = g \circ f$ とおくと，次が成り立つ．

$$\varphi(1) = \gamma, \quad \varphi(2) = \beta, \quad \varphi(3) = \alpha, \quad \varphi(4) = \beta$$

1.3.3 単射と逆写像

f を集合 A から集合 B への写像 ($f : A \to B$) とする. 任意の $a_1, a_2 \in A$ に対して,

$$a_1 \neq a_2 \quad \Longrightarrow \quad f(a_1) \neq f(a_2) \tag{1.10}$$

が成り立つとき, f は**単射**であるという. 条件 (1.10) を対偶で表すと,

$$f(a_1) = f(a_2) \quad \Longrightarrow \quad a_1 = a_2 \tag{1.11}$$

となる. 例えば, 学生に学生番号を対応させる写像は単射である（別の学生に同じ学生番号を割り振ったりはしない）. また, 通常の（微分積分学などに現れる 1 変数）関数 $f(x)$ の場合,

> 単調増加 ($x_1 < x_2 \implies f(x_1) < f(x_2)$), あるいは, 単調減少 ($x_1 < x_2 \implies f(x_1) > f(x_2)$) ならば, $f(x)$ は単射を定める.

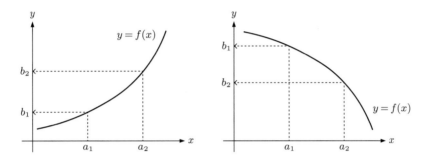

写像 $f : A \to B$ が単射であるとき, $f(A)$ の任意の要素 b に対して, $f(a) = b$ となる要素 $a \in A$ がただ一つ定まる. したがって, $b \in f(A)$ に対して, $f(a) = b$ となる $a \in A$ を対応させることにより, $f(A)$ から A への写像を定めることができる. この写像を f の**逆写像**と呼び, f^{-1} と表す. 逆写像の定義から, f^{-1} の定義域は f の値域 $f(A)$ であり, f^{-1} の値域は f の定義域 A である.

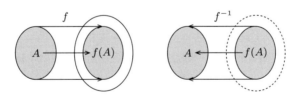

また, $f^{-1} \circ f$ は A 上の恒等写像（すべての $x \in A$ に x 自身を対応させる写像）となる. すなわち, 任意の $x \in A$ に対して, $f^{-1}\big(f(x)\big) = x$ が成り立つ. 同様に, $f \circ f^{-1}$ は $f(A)$ 上の恒等写像となる. すなわち, 任意の $x \in f(A)$ に対して, $f\big(f^{-1}(x)\big) = x$ が成り立ち, $y = f^{-1}(x)$ とおくと, $f(y) = x$ となる. この関係式が y に関して解ければ（$y = \cdots$ の形に表されれば）, 逆写像の具体形が求められる（次の**例題 1.6** 参照）. なお, $f(x)$ が通常の関数の場合は, 逆写像 $f^{-1}(x)$ を**逆関数**と呼ぶことが多い.

例題 1.6 関数 $f(x) = \dfrac{e^x + e^{-x}}{2}$ $(x \geq 0)$ を考える（区間 $[0, \infty)$ を定義域とする）.

(1) 関数 $y = f(x)$ は $x \geq 0$ で単調増加であることを示し，値域を求めよ.

(2) 逆関数 $f^{-1}(x)$ を求めよ.

(3) 任意の $x \geq 0$ について，$f^{-1}\bigl(f(x)\bigr) = x$ が成り立つことを確かめよ.

解 **(1)** $x > 0$ のとき，$f'(x) = \dfrac{1}{2}\bigl(e^x - e^{-x}\bigr) = \dfrac{e^x}{2}\bigl(1 - e^{-2x}\bigr) > 0$ となることから，$f(x)$ は $x \geq 0$ で単調増加である[※2]. $f(0) = 1$, $\displaystyle\lim_{x \to \infty} f(x) = \infty$ より，値域は $1 \leq y < \infty$，すなわち，区間 $[1, \infty)$ である.

(2) $x = f(y)$ すなわち $x = \dfrac{e^y + e^{-y}}{2}$ とおくと，$e^{2y} - 2xe^y + 1 = 0$ となり，2次方程式の解の公式を単純に適用すると，$e^y = x \pm \sqrt{x^2 - 1}$ が得られる. $x > 1$ のとき，$\sqrt{x^2 - 1} > x - 1$ が成り立つ[※3]ことから，$x > 1$ のとき，$x - \sqrt{x^2 - 1} < x - (x - 1) = 1$ となる. <u>もとの関数の定義域 $[0, \infty)$ が逆関数の値域であり</u>（ここでの y は $y \geq 0$ を満たすことになる），$y \geq 0$ のとき，$e^y \geq 1$ だから，マイナスの符号のほうは除かれる. したがって，逆関数は $y = f^{-1}(x) = \log\bigl(x + \sqrt{x^2 - 1}\bigr)$ である.

(3) $\left(\dfrac{e^x + e^{-x}}{2}\right)^2 - 1 = \dfrac{e^{2x} + e^{-2x} - 2}{4} = \left(\dfrac{e^x - e^{-x}}{2}\right)^2$ より，

$$f^{-1}\bigl(f(x)\bigr) = \log\left(\frac{e^x + e^{-x}}{2} + \sqrt{\left(\frac{e^x + e^{-x}}{2}\right)^2 - 1}\right)$$

$$= \log\left(\frac{e^x + e^{-x}}{2} + \frac{e^x - e^{-x}}{2}\right) = \log e^x = x$$

この節の終わりに，写像に関する基本的な概念をもう1つ述べておく. 写像 $f : A \to B$ について，f の値域が B と一致する（$f(A) = B$），すなわち，任意の $b \in B$ に対して，$f(a) = b$ を満たす $a \in A$ が存在するとき，f は **全射** であるという. 単射かつ全射である写像を **全単射** という. 写像 $f : A \to B$ が全単射であるとき，f^{-1} は B を定義域，A を値域とする全単射である.

1.3.4　実は身近な暗号

さまざまな通信を行う際に，知らず知らずのうちに，暗号のお世話になっていることが多い. 暗号を用いたデータ送信は，次の図のような流れで行われる. 送信者は，平文（ひらぶん）(plaintext) と呼ばれる送信したいデータを暗号化し，作成した **暗号文** (ciphertext) を受信者に送る. 暗号文は盗聴者が見てもわからないように書かれていて，受信者は（秘密の方法で）送られてきた暗号文を

[※2] 指数関数の微分と微分の基本的性質「微分が正ならば単調増加関数」は既知として解答している. 後者については，**第2章 2.3節** であらためて説明する.

[※3] $x > 1$ のとき，$\left(\sqrt{x^2 - 1}\right)^2 - (x - 1)^2 = x^2 - 1 - (x^2 - 2x + 1) = 2(x - 1) > 0$ となることから，$\left(\sqrt{x^2 - 1}\right)^2 > (x - 1)^2$ が成り立つ. したがって，$x > 1$ のとき，$\sqrt{x^2 - 1} > x - 1$ が成り立つ.

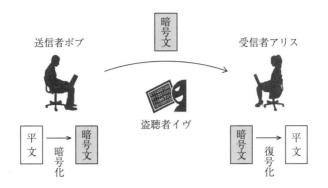

元の平文に直して（この操作を**復号化**あるいは**復号**という）内容を知る.

　最も基本的な暗号化の方法は，それぞれのアルファベットを何文字かずつ後にずらすというもので，**シーザー暗号**と呼ばれている．例えば，3 文字ずつの場合，A, B, C, ... を　A → D, B → E, C → F のように置き換え，X 以降は X → A, Y → B, Z → C と循環させる．例えば，C H E R R Y は F K H U U B と暗号化される．この場合の復号化は，アルファベットを逆に 3 文字ずつ前にずらすことになる.

　平文の「アルファベット」からなる集合を**平文空間**，暗号文の「アルファベット」からなる集合を**暗号文空間**という．上のシーザー暗号の場合は，平文空間，暗号文空間ともに，通常のアルファベットの集合 $\{A, B, \ldots, Z\}$ であるが，コンピュータ通信技術で使われるのは，2 進データ（0 と 1 からなるデータ）の集合である．暗号化（平文を暗号文に直すこと）は平文空間から暗号文空間への写像を定めることと考えられる．2 つの異なる平文を同一の暗号文にしてしまうと，もとの平文に戻せなくなるので，暗号化の写像は単射でなければならない．復号化（暗号文をもとの平文に直すこと）は，暗号化の写像の逆写像となる.

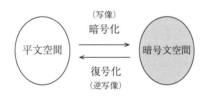

問 題 1.3

問 1 次の集合 A から集合 B への対応は写像かどうか調べよ（写像かどうかを述べ，理由を説明せよ）.

(1) $A = \{7, 8, 9, 10\}$, $B = \{2, 3, 5, 7\}$ とし，A の要素に，その数の約数である B の要素を対応させる.

(2) $A = \{4, 5, 6, 7, 8, 9\}$, $B = \{63, 64, 65, 66\}$ とし，A の要素に，その数の倍数である B の要素を対応させる.

(3) A を北川大学の学生の集合，B を北川大学の教員の集合とし，学生に指導教員を対応

させる.

(4) A を北川大学の男子学生の集合, B を韓国の人気アイドルグループ「ヨジャチング」（愛称「ヨチン」）のメンバーの集合, すなわち, $B = \{$ イェリン, ウナ, ユジュ, シンビ, オムジ, ソウォン $\}$ とし, 学生に好みのメンバーを対応させる.

問2 $A = \{1, 2, 3\}$, $B = \{1, 2, 3, 4, 5, 6\}$ とし, 写像 $f : A \to B$ を考える. このとき, 写像の総数, 単射の総数, 単調増加な写像 $(i < j \implies f(i) < f(j)$ を満たす写像) の総数をそれぞれ求めよ.

ヒント　「数学A」の内容を思い出そう.

問3 整数全体の集合を $\mathbb{Z}$ と表す. f, g を次の図（フローチャート）で定まる $\mathbb{Z}$ から $\mathbb{Z}$ への写像とし, $\varphi = g \circ f$ とおく.

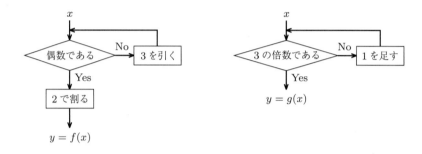

(1) $\varphi(23)$ を求めよ.

(2) $\varphi(x) = 12$ となる整数 x をすべて求めよ.

問4 関数 $f(x) = x^2 - 2x \ (x \geq 1)$ を考える $(x \geq 1$ が定義域であると考える).

(1) 関数 $f(x)$ の値域を求めよ.

(2) 逆関数 $f^{-1}(x)$ を求めよ.

(3) 任意の $x \geq 1$ について, $f^{-1}\big(f(x)\big) = x$ が成り立つことを確かめよ.

ヒント　**(2)** 2次方程式 $ax^2 + bx + c = 0$ の解は $x = \dfrac{-b \pm \sqrt{b^2 - 4ac}}{2a}$　（解の公式）.

問5 アルファベット26文字を次のように1〜26の数字に対応させる.

文字	A	B	C	D	E	F	G	H	I	J	K	L	M
数字	1	2	3	4	5	6	7	8	9	10	11	12	13

文字	N	O	P	Q	R	S	T	U	V	W	X	Y	Z
数字	14	15	16	17	18	19	20	21	22	23	24	25	26

この対応のもと, アルファベット2文字（ずつ）を

$$f\left(\begin{bmatrix} x \\ y \end{bmatrix}\right) = \begin{bmatrix} 3x + 5y \\ x + 2y \end{bmatrix} \tag{1.12}$$

の式で暗号化する. 例えば, 平文 $\overset{3\ 8\ 5\ 18\ 18\ 25}{\text{CHERRY}}$ は, $\overset{3\ 8}{\text{CH}}, \overset{5\ 18}{\text{ER}}, \overset{18\ 25}{\text{RY}}$ のように2文字ずつに区切って (1.12) を適用して,

$$f\left(\begin{bmatrix} 3 \\ 8 \end{bmatrix}\right) = \begin{bmatrix} 3 \cdot 3 + 5 \cdot 8 \\ 3 + 2 \cdot 8 \end{bmatrix} = \begin{bmatrix} 49 \\ 19 \end{bmatrix},$$

同様に,

$$f\left(\begin{bmatrix} 5 \\ 18 \end{bmatrix}\right) = \begin{bmatrix} 105 \\ 41 \end{bmatrix}, \quad f\left(\begin{bmatrix} 18 \\ 25 \end{bmatrix}\right) = \begin{bmatrix} 179 \\ 68 \end{bmatrix},$$

となり，$49, 19, 105, 41, 179, 68$ と暗号化される.

(問題) 暗号文 $81, 31, 135, 51, 32, 11$ を復号化せよ.

注意 この例の場合，平文空間は $(A, A), (A, B), \ldots$ のような 2 つのアルファベットの組からなる集合，暗号文空間は $(1, 1), (1, 2)$ のような 2 つの自然数の組からなる集合と考えられる.

第2章
微 分
―曲線も微細に見ればほぼ直線―

2.1 まずは物理からはじめよう

2.1.1 直線上の運動

直線（x軸）上を動く点 P の座標が時刻 t の関数 $x = x(t)$ で与えられるとする．時刻が t から $t + h$ まで経過した際の変位 $x(t+h) - x(t)$ を h で割った $\dfrac{x(t+h) - x(t)}{h}$ を平均速度という．また，経過時間 h を 0 に近づけた極限

$$x'(t) = \lim_{h \to 0} \frac{x(t+h) - x(t)}{h} \tag{2.1}$$

を**速度**という．速度は $v(t) = x'(t)$ のように表すことが多い．さらに，$\dfrac{v(t+h) - v(t)}{h}$ を平均加速度，極限

$$v'(t) = \lim_{h \to 0} \frac{v(t+h) - v(t)}{h} \left(= x''(t) \right) \tag{2.2}$$

を**加速度**という．

直線上の運動は，横軸を時刻 t に縦軸を位置 x にとった x-t **グラフ**や横軸を時刻 t に縦軸を速度 v にとった v-t **グラフ**で表される．このとき，速度 $x'(t)$ は x-t グラフの接線の傾き，加速度 $v'(t)$ は v-t グラフの接線の傾きである．

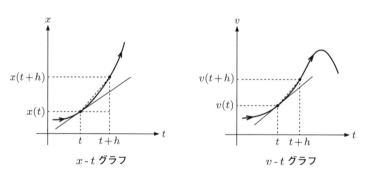

x-t グラフ v-t グラフ

動点 P が質量 m の質点（大きさの無視できる点状の物体）であるとき，P に働く力を f とすると，次の関係式，すなわち，**ニュートン** (I. Newton, 1642-1727) **の運動方程式**が成り立つ．

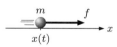

$$m\,x''(t) = f \tag{2.3}$$

一般に，関数を未知変数とし，関数の微分を含む方程式を**微分方程式**といい，微分方程式を満たす関数を微分方程式の解という．運動方程式は典型的な微分方程式である．以下，運動方程式の実例を紹介する．

▌**ガリレイ** (G. Galilei, 1564-1642) **の落体の法則**（**微分方程式の "出発点"**）▌ 物体が自由落下するときの速度は，時間に比例して増大し，その増大の割合（比例定数）は，物体の質量にはよらない（**落体の法則**）．

鉛直上向きを正として y 軸をとる．下向きの力 $-mg$（g は重力加速度，落体の法則の比例定数）が働くとすると，落体の法則は運動方程式から導かれる．

$$m\,y''(t) = -mg \quad \Longrightarrow \quad y'(t) = v_0 - gt \quad (v_0 : 初速度) \tag{2.4}$$

▌**フック** (R. Hooke, 1635-1703) **の法則と単振動**▌ バネの自然
長からの変位を x とすると（右図で $x > 0$ ならば，バネが伸びて
いて，$x < 0$ ならば縮んでいる），バネにつながった物体には，変
位に比例した大きさの力

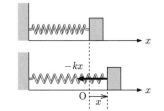

$$f = -kx \tag{2.5}$$

が働く（**フックの法則**）．k は比例定数で**バネ定数**と呼ばれる．マイナスの符号は，バネが伸びているときは，物体を引っ張り，バネが縮んでいるときは，物体を押すことを表している．フックの法則に従うバネにつながれた質点の運動は，バネの変位 x を未知関数として，

$$mx''(t) = -kx(t) \tag{2.6}$$

のような運動方程式で表される．この方程式の解は

$$x(t) = A\sin(\omega t + \theta_0), \quad \omega = \sqrt{\frac{k}{m}} \tag{2.7}$$

と表されることが知られている．ここで，A と θ_0 は定数（任意の実数でよいが，通常 $A > 0$ とする）であり，ω は**角振動数**と呼ばれる．また，$x(t) = A\sin(\omega t + \theta_0)$（$A, \theta_0, \omega$ は定数）の形の式で表される運動は**単振動**と呼ばれる．このとき，$x'(t) = \omega A\cos(\omega t + \theta_0)$, $x''(t) = -\omega^2 A\sin(\omega t + \theta_0)$ より，$x(t)$ は $x''(t) = -\omega^2 x(t)$ を満たし，微分方程式 (2.6) の解となる．

2.1.2 平面上の運動

xy 平面上を動く動点 P の座標が時刻 t の関数 $x = x(t)$, $y = y(t)$ であるとき，位置を $\boldsymbol{r}(t) = \big(x(t), y(t)\big)$ のようにベクトルで表す．大学の数学や物理では，ベクトルを $\vec{r}$ のように上に矢印を付けて表すのではなく，$\boldsymbol{r}$ のようなボールド体（太字の書体）で表すことが多い．手書きする際には（余分に）縦棒を 1 本入れておけばよい．

$$\boxed{r \quad v \quad ma = f}$$

ボールド体の見本（一色咲希さん筆）

$\boldsymbol{v}(t) = \big(x'(t), y'(t)\big)$ を速度（ベクトル），$\boldsymbol{a}(t) = \big(x''(t), y''(t)\big)$ を加速度（ベクトル）という．点 P が質量 m の質点であるとき，質点に働く力を $\boldsymbol{f} = (f_x, f_y)$ とすると，ニュートンの運動方程式 $m\boldsymbol{a}(t) = \boldsymbol{f}$，成分ごとに書けば，

$$mx''(t) = f_x , \quad my''(t) = f_y \tag{2.8}$$

が成り立つ．

例題 2.1（斜方投射）　物体を，水平からの角度 θ $(0 < \theta < \pi/2)$ の向きに，速さ v_0 で投射する．速さ v_0 を固定し，角度 θ を変化させるとき，水平方向の到達距離が最大になる θ を求めよ．

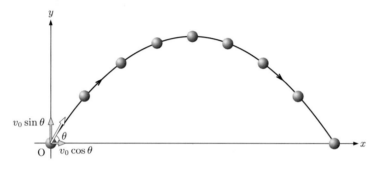

解　上の図のように x 軸，y 軸をとり，投射時刻を $t = 0$ とする．空気抵抗が無視できるものとすると，物体に働く力は重力だけとなり，$\boldsymbol{f} = (0, -mg)$ と表される．運動方程式は

$$mx''(t) = 0, \quad my''(t) = -mg \tag{2.9}$$

となり，辺々を m で割って積分することにより，

$$x'(t) = v_0 \cos\theta, \quad y'(t) = v_0 \sin\theta - g\,t \tag{2.10}$$

が得られる．さらに，時刻 $t = 0$ での位置を原点とすると，積分して，

$$x(t) = (v_0 \cos\theta)t, \quad y(t) = (v_0 \sin\theta)t - \frac{1}{2}\,gt^2 \tag{2.11}$$

が得られ，投射後再び水平面に達する時刻が，$y(t) = 0$ から，$t = \dfrac{2v_0 \sin\theta}{g}$ と求められる．

これを $x(t)$ の式に代入して，$\sin$ の倍角の公式で変形すると，水平方向の到達距離が

$$x(t) = (v_0 \cos\theta)\,\frac{2v_0 \sin\theta}{g} = \frac{v_0{}^2}{g}\sin 2\theta \tag{2.12}$$

のように求められる．これより，水平方向の到達距離が最大になるのは，$\theta = \pi/4$，すなわち，45° の場合である．

　ホームランの打球の初速度は，ほぼ時速 $180\,\mathrm{km}$（秒速 $50\,\mathrm{m}$）である．$g = 9.8\,(\mathrm{m/s^2})$ として，上の式を使って最大の到達距離を計算すると，$v_0{}^2/g = 50^2/9.8 = 255\,(\mathrm{m})$ となる．これは，現実味に欠ける数値である．原因は空気抵抗を無視していることにある．速度に比例する空気抵抗を考えて，力を $\boldsymbol{f} = (-mkx'(t), -mky'(t) - mg)$（$k$ は正の定数）のようにすると，より現実的な値が得られる．運動方程式は

$$mx''(t) = -mkx'(t), \quad my''(t) = -mky'(t) - mg \tag{2.13}$$

のようになる．空気抵抗の比例定数 k を「単位質量あたり」でとっていることに注意しよう．

▌等速円運動▐　$r > 0$, ω, θ_0 を定数とする．平面上の動点 P
の座標が

$$x(t) = r\cos(\omega t + \theta_0), \quad y(t) = r\sin(\omega t + \theta_0) \tag{2.14}$$

と表されるとき，P の運動は等速円運動と呼ばれる．この場合の ω は**角速度**と呼ばれる．速度，加速度は

$$x'(t) = -r\omega\sin(\omega t + \theta_0), \quad y'(t) = r\omega\cos(\omega t + \theta_0) \tag{2.15}$$

$$x''(t) = -r\omega^2\cos(\omega t + \theta_0), \quad y''(t) = -r\omega^2\sin(\omega t + \theta_0) \tag{2.16}$$

となり，働く力は

$$\boldsymbol{f} = -m\omega^2\Big(x(t), y(t)\Big) \tag{2.17}$$

と表される．物体から円の中心に向かう力，**向心力**である．

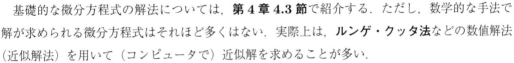

　基礎的な微分方程式の解法については，**第 4 章 4.3 節**で紹介する．ただし，数学的な手法で解が求められる微分方程式はそれほど多くはない．実際上は，**ルンゲ・クッタ法**などの数値解法（近似解法）を用いて（コンピュータで）近似解を求めることが多い．

　例えば，質量 m のおもりを（質量の無視できる）長さ l の棒でつるした**単振り子**を考えよう．空気抵抗は無視する．棒の垂直方向からの角度を θ とするとき，運動方程式を円の接線方向で考えると，$ml\theta''(t) = -mg\sin\theta(t)$ となり，角度 $\theta(t)$ に関する微分方程式

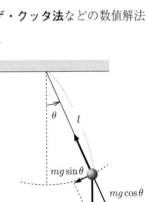

$$\theta''(t) = -\frac{g}{l}\sin\theta(t) \tag{2.18}$$

が得られる．

　この方程式の解は，簡単な式などでは表されないため，振幅が微小であるとして，$\sin\theta \fallingdotseq \theta$ のように近似して，単振動の方程式 $\theta''(t) = -\dfrac{g}{l}\theta(t)$ を使って解の特性を説明することも多い．ただし，振幅が大きいときには，(2.18) の解は単振動とは異なる挙動を示す．

　下図は，$l = 0.5\,(\mathrm{m})$, $g = 9.8\,(\mathrm{m/s^2})$ とし，最大の「振れ幅」$\theta_{\max}$ が $\theta_{\max} = \pi/6, \pi/3, \pi/2$ となるように，$\theta = 0$ での速度 θ' を与えて[※1]求めた近似解を表している．いずれも周期関数であるが，周期は $\theta_{\max}$ が大きいほど長くなっている．振り子の**等時性**（周期は振幅によらない）は，あくまで，近似則（近似的に成り立つ法則）である．

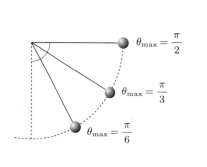
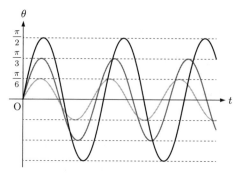

単振り子の方程式の解

問 題 2.1

問1 次の x-t グラフに対応する v-t グラフ（導関数 $f'(t)$ と $g'(t)$ のグラフ）の概形を描け．左の図の点線は $x = f(t)$ のグラフの漸近線，右の図の a は $x = g(t)$ の変曲点（グラフの凹凸の入れかわる境目の点）の位置を表している．

(1)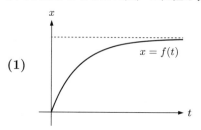

(2)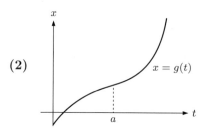

問2 次の表は，ウサイン・ボルト (Usain Bolt, 1986-) が 2009 年の世界選手権 100 m 決勝で世界新記録 9 秒 58 を出したときのラップタイム（各地点に達するのに要した時間）を示している．

距離 (m)	20	40	60	80	100
時間 (s)	2.89	4.64	6.31	7.92	9.58

[※1] $\theta' = \sqrt{\dfrac{2g}{l}\left(1 - \cos\theta_{\max}\right)}$ とすればよい．

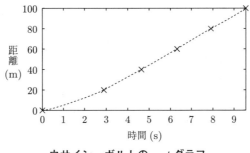

ウサイン・ボルトの x-t グラフ

(1) 0秒から2.89秒，2.89秒から4.64秒，$\cdots$ の平均速度を求めて，次のような表にまとめよ．例えば，0秒から2.89秒の平均速度は，$(20-0)/(2.89-0) = 6.9204152$ を小数点以下2桁に丸めて（3桁めを四捨五入して）6.92とする．

時間 (s)	0.00	2.89	4.64	6.31	7.92	9.58
速度 (m/s)	6.92					

(2) 最高速度を km/h で表せ．

(3) **(1)** で求めた0秒から2.89秒の平均速度を $(0+2.89)/2 = 1.445$ 秒の速度とみなして，0秒から1.445秒の平均加速度を求めよ．同様に1.445秒から3.765 $\left(=(2.89+4.64)/2\right)$ 秒の平均加速度，$\cdots$ を求めて，次のような表にまとめよ．例えば，0秒から1.445秒の平均加速度は，$(6.92-0)/(1.445-0) = 4.7889273$ を小数点以下2桁に丸めて4.79とする．

時間 (s)	0.000	1.445	3.765	5.475	7.115	8.750
加速度 (m/s²)	4.79					

(4) 当時，ボルトの体重は94 kg であった（身長は196 cm）．ボルトの体には，進行方向に最大何 N（ニュートン）の力が働いたと考えられるか．

ヒント (4) 1 kg の物体を $1\,\text{m/s}^2$ 加速する力の大きさを 1 N と定める．重力加速度がおよそ $g = 9.8\,\text{m/s}^2$ であることから，中学校では「1 N は 100 g の物体に働く重力にほぼ等しい」と教える．

問3 $r > 0, \omega > 0$ を定数とする．質量 m の質点が，xy 平面上で，

$$x(t) = r\cos\omega t, \quad y(t) = r\sin\omega t \tag{2.19}$$

で表される等速円運動をしている．

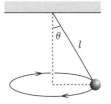

(1) 質点の速度 $\boldsymbol{v}(t) = \left(x'(t), y'(t)\right)$ を求めよ．

(2) 質点の加速度 $\boldsymbol{a}(t) = \left(x''(t), y''(t)\right)$ を求めよ．

(3) 質点に働く力の大きさを求めよ．

(4) 質点は，長さ l の軽くて伸び縮みしない糸に取り付けられていて，糸と鉛直とが θ の角度をなす平面内を動いている．このとき，糸の張力 T と角速度 ω を求めよ．ただし，重力加速度を g とする．

問 4 空気抵抗が物体の速度に比例すると仮定したとき，初速度 v_0 で上方に投射された質点の位置座標は

$$y(t) = \left(v_0 + \frac{g}{k}\right)\frac{1 - e^{-kt}}{k} - \frac{g}{k}\,t \tag{2.20}$$

と表される．ここで，g は重力加速度，k は空気抵抗の比例定数である．

(1) 質点の速度 $y'(t)$ を求めよ．

(2) 質点の加速度 $y''(t)$ を求めよ．

(3) $y''(t) + ky'(t) + g = 0$ が成り立つことを示せ．

(4) $y'(t) = 0$ を満たす t を求めよ．

(5) $g = 9.8\,(\mathrm{m/s^2})$, $k = 0.25$, $v_0 = 2 \times 9.8 = 19.6\,(\mathrm{m/s})$ のとき，最高点の高さを求めよ．ただし，$\log 1.5 = 0.405$ とする．

問 5 空気抵抗が無視できる場合，斜方投射された質点の位置座標は

$$x(t) = (v_0 \cos\theta)t, \quad y(t) = (v_0 \sin\theta)t - \frac{g}{2}\,t^2 \tag{2.21}$$

と表される（下の左の図参照）．ここで，$v_0 > 0$ は初速度の大きさ，θ $(-\pi/2 < \theta < \pi/2)$ は投射の角度，g は重力加速度である．

(1) 座標の式 (2.21) から t を消去し，質点の描く軌道（曲線）を表す式を求めよ（y を x, g, v_0, $\tan\theta$ の式で表せ）．

(2) v_0 は固定し，θ を動かすとき，$x > 0$ で質点の到達可能な範囲（下の右の図参照）は

$$y \leq \frac{v_0{}^2}{2g} - \frac{g}{2v_0{}^2}\,x^2 \tag{2.22}$$

であることを示せ．

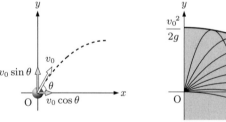
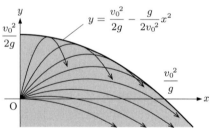

2.2 高校とはひと味違う理論的な話

2.2.1 関数の連続性と微分可能性

▮関数の連続性▮ $f(x)$ を開区間 (a, b) で定義された関数とする．区間 (a, b) 内の点 c に対して，$f(x)$ は $x = c$ で連続であるとは，$\lim_{x \to c} f(x)$ が<u>存在して</u>，$\lim_{x \to c} f(x) = f(c)$ が成り立つことをいう．任意の $c \in (a, b)$ に対して，$f(x)$ が $x = c$ で連続であるとき，$f(x)$ は (a, b) 上連続であるという．

関数の連続性で肝心なのは，極限 $\lim_{x \to c} f(x)$ の存在である．ある実数 γ について，$\lim_{x \to c} f(x) = \gamma$ が成り立つとは，$x \neq c$ である x が c に近づくとき（関数の極限を定義する際には，c は f の定義域に含まれていなくてもよいものとする），<u>近づき方によらず</u>，$f(x)$ が一定値 γ に近づくことをいう．極限 $\lim_{x \to c} f(x)$ が存在するならば，極限値 γ を $f(c)$ とすれば（関数値 $f(c)$ を与え直せば），$f(x)$ は $x = c$ で連続となる．

> **例 2.1** $f(x) = \sin \dfrac{1}{x} \ (x \neq 0)$ について，極限 $\lim_{x \to 0} f(x)$ は存在しない．実際，$x \to 0$ のとき，$y = \sin \dfrac{1}{x}$ は $-1 \leq y \leq 1$ の範囲で値が上下して一定値に近づかない．したがって，$x = 0$ での値をどのように定めても，$f(x)$ は $x = 0$ で連続にはならない．

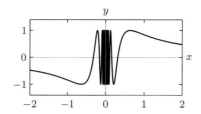 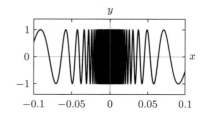

関数 $f(x) = \sin \dfrac{1}{x}$

> 一方，$g(x) = x \sin \dfrac{1}{x} \ (x \neq 0)$ については，$\lim_{x \to 0} g(x) = 0$ が成り立つ．実際，
>
> $$|g(x)| = \left| x \sin \frac{1}{x} \right| \leq |x|$$
>
> となることから，はさみうちの原理[※2] により，$x \to 0$ のとき，$g(x) \to 0$ が成り立つ．したがって，$g(0) = 0$ とすれば，$g(x)$ は $x = 0$ で連続な関数となる．

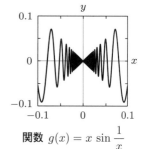

関数 $g(x) = x \sin \dfrac{1}{x}$

関数 $f(x)$ が閉区間 $[a, b]$ で定義された関数の場合，左端点 a で連続であるとは，$\lim_{x \to a+0} f(x)$ が<u>存在して</u>，$\lim_{x \to a+0} f(x) = f(a)$ が成り立つことをいい，右端点 b で連続であるとは，$\lim_{x \to b-0} f(x)$ が<u>存在して</u>，$\lim_{x \to b-0} f(x) = f(b)$ が成り立つことをいう．ここで，$\lim_{x \to a+0} f(x)$ は x が $a < x$ を満たしながら，a に近づくときの極限（右極限），$\lim_{x \to b-0} f(x)$ は x が $x < b$ を満たしながら，b

---

[※2] 関数 $f(x), g(x), h(x)$ が $x = a$ の近くで $f(x) \leq h(x) \leq g(x)$ を満たし，$f(x) \to \alpha \ (x \to a)$，$g(x) \to \alpha \ (x \to a)$ が成り立つならば，$h(x) \to \alpha \ (x \to a)$ が成り立つ．これを，関数の極限に関する「はさみうちの原理」という．

に近づくときの極限(左極限)を表している. 任意の $c \in [a, b]$ に対して, $f(x)$ が $x = c$ で連続
であるとき, $f(x)$ は $[a, b]$ 上連続であるという. 次の2つの定理は, 連続関数の基本的な性質と
して, 古くから知られていたようであるが, きちんとした証明が与えられたのは比較的新しい.
中間値の定理は, 1817 年にボルツァーノ (B. Bolzano, 1781-1848), 1821 年にコーシー (A. L.
Cauchy, 1789-1857) によって証明され, 最大値・最小値の定理は, 1861 年にワイエルシュトラ
ス (K. Weierstrass, 1815-1897) によって証明された.

定理 2.1(中間値の定理) 閉区間 $[a, b]$ 上の連続関数 $f(x)$ が $f(a) \neq f(b)$ を満たすならば,
$f(a)$ と $f(b)$ の間の任意の数 k に対して, $f(c) = k$ を満たす $c \in (a, b)$ が存在する.

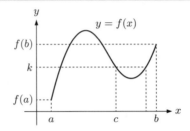

定理 2.2(最大値・最小値の定理) 閉区間 $[a, b]$ 上の連続関数 $f(x)$ は, その区間上で最大値
と最小値をとる. すなわち, $\alpha \in [a, b]$ と $\beta \in [a, b]$ が存在して, 任意の $x \in [a, b]$ に対して,

$$f(\alpha) \leq f(x) \leq f(\beta) \tag{2.23}$$

が成り立つ.

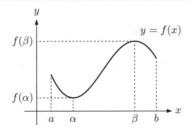

■ 関数の微分可能性 ■ a を含む区間で定義された関数 $f(x)$ について,

$$f'(a) = \lim_{h \to 0} \frac{f(a + h) - f(a)}{h} \quad \left(= \lim_{x \to a} \frac{f(x) - f(a)}{x - a} \right) \tag{2.24}$$

が存在するとき, $f(x)$ は a で微分可能であるという.

この $f'(a)$ を**微分係数**, $\dfrac{f(a + h) - f(a)}{h}$ を**差分商** (difference quotient) という. 微分係数
は, 図形的には, 接線の傾きを表し, $f(x)$ が $x = a$ で微分可能であるとき, 曲線 $y = f(x)$ の点
$(a, f(a))$ での接線が

$$y = f'(a)(x - a) + f(a) \tag{2.25}$$

で与えられる. なお, 基本的な関数の微分

$$\left(x^{\alpha}\right)' = \alpha\,x^{\alpha-1}\ (\alpha\ \text{は実数}),\quad \left(e^x\right)' = e^x,\quad \left(\log x\right)' = \frac{1}{x} \tag{2.26}$$

$$\left(\sin x\right)' = \cos x,\quad \left(\cos x\right)' = -\sin x \tag{2.27}$$

などは既知とする．導き方を覚えていない人は，高校の教科書や参考書で復習してほしい．

定理 2.3 関数 $f(x)$ が $x = a$ で微分可能ならば，$f(x)$ は $x = a$ で連続である．

証明 $\displaystyle\lim_{x\to a}\left(f(x) - f(a)\right) = \lim_{x\to a}\frac{f(x) - f(a)}{x - a}\cdot(x - a) = f'(a)\cdot 0 = 0$ より，$\displaystyle\lim_{x\to a}f(x) = f(a)$ が成り立つ． **証明終**

例題 2.2 関数 $f(x) = \begin{cases} x^2 & (x < 1) \\ \alpha x + \beta & (x \geq 1) \end{cases}$ が任意の実数 x に関して微分可能となるように定数 α, β の値を求めよ．

解 $x \neq 1$ のとき，$f(x)$ は x の 2 次式，または，1 次式なので，微分可能な関数となる．$x = 1$ でも微分可能となるためには，$x = 1$ で連続であることが必要である．$\displaystyle\lim_{x\to 1-0}f(x) = 1$，$\displaystyle\lim_{x\to 1+0}f(x) = \alpha + \beta$ となることから，$\displaystyle\lim_{x\to 1-0}f(x) = \lim_{x\to 1+0}f(x)$ より，$\alpha + \beta = 1$ が得られる．

さらに，$\displaystyle\lim_{h\to -0}\frac{f(1+h) - f(1)}{h} = \lim_{h\to -0}\frac{(1+h)^2 - 1}{h} = \lim_{h\to -0}(2 + h) = 2,$

$\displaystyle\lim_{h\to +0}\frac{f(1+h) - f(1)}{h} = \lim_{h\to +0}\frac{\{\alpha(1+h) + \beta\} - (\alpha + \beta)}{h} = \lim_{h\to +0}\alpha = \alpha$ となり，$x = 1$ で微分可能となる条件 $\displaystyle\lim_{h\to -0}\frac{f(1+h) - f(1)}{h} = \lim_{h\to +0}\frac{f(1+h) - f(1)}{h}$ より，$\alpha = 2$ が得られる．したがって，$\alpha = 2, \beta = -1$ である．

2.2.2 合成関数の微分公式

定理 2.4（合成関数の微分公式） 関数 $g(x)$ が a で微分可能であって，関数 $f(y)$ が $g(a)$ で微分可能ならば，合成関数 $\varphi(x) = f\left(g(x)\right)$ は，$x = a$ で微分可能であり，次が成り立つ．

$$\varphi'(a) = f'\left(g(a)\right)g'(a) \tag{2.28}$$

例えば，**例題 2.2** で定めた微分可能な関数をあらためて $g(x)$ として，$f(x) = x^3$ とおく．合成関数 $\varphi = f\circ g$ は $\mathbb{R}$ 全体で微分可能であって，特に，$g(1) = 1, g'(1) = 2, f'(x) = 3x^2, f'(1) = 3$ より，$\varphi'(1) = f'(1)\,g'(1) = 3\cdot 2 = 6$ が成り立つ．

合成関数の微分法の応用例として，逆関数や陰関数の微分，保存力におけるエネルギー保存の法則の証明，置換積分，変数分離形の微分方程式の解法などが挙げられる．

例題 2.3　曲線 $C : x^2 + 4xy + 4y^4 = 0$ と曲線上の点 $\mathrm{P}\left(1-\sqrt{2}, \dfrac{1}{\sqrt{2}}\right)$ を考える（下図）．P における C の接線を求めよ．

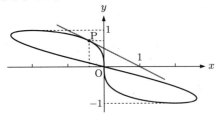

解　$x^2 + 4xy + 4y^4 = 0$ を y を x の関数 $y = y(x)$ とみなして，x で微分すると，$2x + 4y(x) + 4x\,y'(x) + 16y(x)^3\,y'(x) = 0$ となる．これを $2(x + 4y^3)\,y'(x) = -x - 2y$ のように書き直し，$x = 1 - \sqrt{2}$, $y = \dfrac{1}{\sqrt{2}}$ を代入して整頓すると，$y'\left(1 - \sqrt{2}\right) = -\dfrac{1}{2}$ が得られる．したがって，接線の方程式は $y = -\dfrac{1}{2}\left(x - 1 + \sqrt{2}\right) + \dfrac{1}{\sqrt{2}}$ より，$y = -\dfrac{x}{2} + \dfrac{1}{2}$ となる．

なぐって謝る　高校の数学では，公式 (2.28) を以下のように説明する．$\varphi'(a)$ の定義式

$$\varphi'(a)\left(= \lim_{x \to a} \frac{\varphi(x) - \varphi(a)}{x - a}\right) = \lim_{x \to a} \frac{f\big(g(x)\big) - f\big(g(a)\big)}{x - a}$$

の差分商を

$$\frac{f\big(g(x)\big) - f\big(g(a)\big)}{x - a} = \frac{f\big(g(x)\big) - f\big(g(a)\big)}{g(x) - g(a)} \cdot \frac{g(x) - g(a)}{x - a} \tag{$*$}$$

のように変形し（この変形を「なぐって謝る」と説明していた高校の先生がいたそうだ），右辺の積の前項の $g(x), g(a)$ だけを，$y = g(x), b = g(a)$ で置き換えると

$$\frac{f\big(g(x)\big) - f\big(g(a)\big)}{x - a} = \frac{f(y) - f(b)}{y - b} \cdot \frac{g(x) - g(a)}{x - a}$$

となる．ここで，$x \to a$ とすると，$y = g(x) \to b = g(a)$ となるので（**定理 2.3** "微分可能ならば連続" による），

$$\varphi'(a) = \left(\lim_{y \to b} \frac{f(y) - f(b)}{y - b}\right) \cdot \left(\lim_{x \to a} \frac{g(x) - g(a)}{x - a}\right) = f'(b)\,g'(a)$$

一見もっともらしいのだが，実は，**ゴマカシ**がある．式 ($*$) のような変形（なぐって謝る）ができるためには，$g(x) - g(a)$ が 0 ではないことが必要である（0 で割ってしまうと，謝って済む問題じゃなくなる (?)）．しかし，一般には，$x \neq a$ であっても，$g(x) \neq g(a)$ とは限らない[※3]ので，0 にならないという保証はない．

日本数学の父といわれる高木貞治先生（1875-1960，岐阜県のご出身！）が，かつては理系の

[※3] **例 2.1** の $g(x)$ は $g(x) = g(0)$ となる x が 0 の近くに無限に存在する．この関数は $x = 0$ で微分可能ではないが，本節の**問 1** の関数は $x = 0$ で微分可能であって，$g(x) = g(0)$ となる x が 0 の近くに無限に存在する．

学生なら誰でもが知っていた名著『解析概論』（岩波書店）の中で**「このような粗雑な証明を補修するよりも，むしろ初めから仕直すのが早い」**（第 15 節「合成関数の微分」）と述べられて以来，日本の多くの微分積分学の教科書では，以下のように**定理 2.4** を証明している（名古屋大学にいた頃，いろいろな教科書を調べてみたが，これ以外の証明をしているものはほとんどなかった）．まず，次の定理 2.5 を準備する．

定理 2.5（ワイエルシュトラスの定式化）　関数 $f(x)$ が a で微分可能であることは，実数 α と 0 の近くで定義された関数 $r(h)$ が存在して，次が成り立つことと同値である．

$$f(a+h) = f(a) + \alpha h + r(h)\,h, \quad \lim_{h \to 0} r(h) \to 0 \tag{2.29}$$

証明　関数 $f(x)$ が a で微分可能であるとき，

$$\alpha = f'(a), \quad r(h) = \begin{cases} \dfrac{f(a+h) - f(a)}{h} - f'(a) & (h \neq 0 \text{ のとき}) \\[2mm] 0 & (h = 0 \text{ のとき}) \end{cases}$$

とおくと，この $\alpha, r(h)$ は (2.29) を満たす．

逆に，(2.29) を満たす α と $r(h)$ が存在すれば

$$\lim_{h \to 0} \frac{f(a+h) - f(a)}{h} = \lim_{h \to 0} \Big(\alpha + r(h) \Big) = \alpha \tag{2.30}$$

となることから，$f(x)$ は $x = a$ で微分可能であり，$f'(a) = \alpha$ が成り立つ．　**証明終**

証明からわかるように，実数 α は実は $\alpha = f'(a)$ である．したがって，$x = a + h$ とおくと，(2.29) から，$x \fallingdotseq a$ について成り立つ

$$f(x) \fallingdotseq f(a) + f'(a)(x - a) \tag{2.31}$$

のような近似式が得られる．**定理 2.5** は「複雑な」形をしているので，戸惑うかも知れないが，「ある点で微分可能な関数は，その点の近くでは 1 次式で近似できる」ということを表現しているに過ぎない．

証明（定理 2.4）　定理 2.5 とその証明から，定理 2.4 の**仮定**と**結論**は以下のように言い換えられる．

仮定　$h = 0$ の近くで定義された関数 $r(h)$ と $k = 0$ の近くで定義された関数 $s(k)$ が存在して，次が成り立つ．

$$g(a+h) = g(a) + g'(a)h + r(h)\,h, \quad \lim_{h \to 0} r(h) \to 0 \tag{2.32}$$

$$f\Big(g(a) + k \Big) = f\Big(g(a) \Big) + f'\Big(g(a) \Big) k + s(k)\,k, \quad \lim_{k \to 0} s(k) \to 0 \tag{2.33}$$

結論　$h = 0$ の近くで定義された関数 $R(h)$ が存在して，次が成り立つ．

$$f\Big(g(a+h) \Big) = f\Big(g(a) \Big) + f'\Big(g(a) \Big) g'(a)\,h + R(h)\,h, \quad \lim_{h \to 0} R(h) \to 0 \tag{2.34}$$

仮定から結論が導かれることを示そう. $k = g'(a)h + r(h)\,h$ とおくと, (2.32) の左の式から, $g(a+h) = g(a) + k$ が成り立つ. したがって, この k を (2.33) の左の式に代入することにより,

$$f\Big(g(a+h)\Big) = f\Big(g(a)\Big) + f'\Big(g(a)\Big)\Big(g'(a)h + r(h)h\Big)$$
$$+ s\Big(g'(a)h + r(h)h\Big) \cdot \Big(g'(a)h + r(h)h\Big)$$

が得られる. これより,

$$R(h) = f'\Big(g(a)\Big)r(h) + s\Big(g'(a)h + r(h)h\Big) \cdot \Big(g'(a) + r(h)\Big)$$

とおけば, (2.34) の左の式が成り立つ. この $R(h)$ は (2.34) の右の式も満たすことが, $\lim_{h\to 0} r(h) \to 0$, $\lim_{k\to 0} s(k) \to 0$ から確かめられる.　　　　**証明終**

問 題 2.2

問1 関数

$$g(x) = \begin{cases} x^2 \sin \dfrac{1}{x} & (x \neq 0) \\ 0 & (x = 0) \end{cases}$$

を考える（右図）.

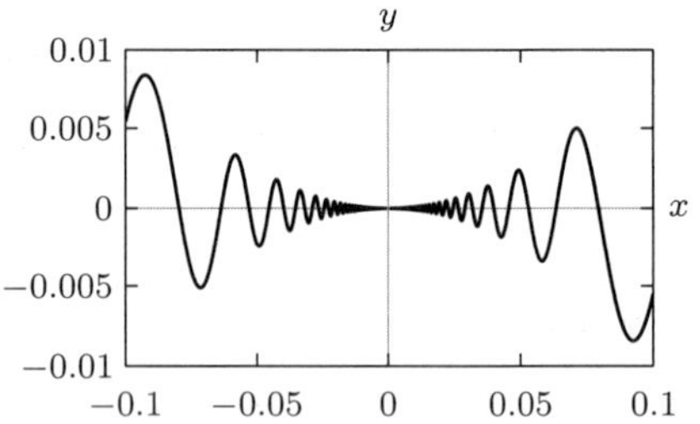

(1) $g'(0) = \lim_{x\to 0} \dfrac{g(x) - g(0)}{x - 0} = 0$ となることを

はさみうちの原理を使って証明せよ.

(2) $x \neq 0$ のとき, $g'(x)$ を求めよ.

(3) 関数 $g'(x)$ は $x = 0$ で連続ではないことを示せ.

問2 次の関数を微分せよ.

(1) $y = \dfrac{1}{(2x+3)^2}$　　　　　**(2)** $y = \cos(\sin x)$

(3) $y = \sin^2 3x$　　　　　　　　**(4)** $y = \dfrac{1}{\sqrt{1 + \cos^2 x}}$

問3 関数 $y = \sqrt{1 - x^2}$ を, 以下の **(a)**, **(b)** の方法で微分して, 両者が一致することを確かめよ.

(a) そのまま微分する.　　**(b)** $x^2 + y^2 = 1$ が成り立つことを利用して微分する[※4].

問4 $x^3 - 3xy + 2y^3 = 0$ で定まる曲線 C を考える（次の図）. C 上の点 $(-2, 1)$ における接線の方程式を求めよ.

[※4] y を x の関数 $y = y(x)$ と考えて, $x^2 + y(x)^2 = 1$ の両辺を x で微分する.

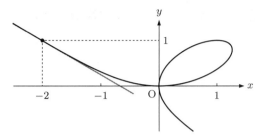

曲線 $C : x^3 - 3xy + 2y^3 = 0$

ヒント 前問の **(b)** と同様に y を x の関数とみなして，$x^3 - 3xy + 2y^3 = 0$ を x で微分して，接線の傾きを求めるとよい.

問 5 下の図は自動車などのエンジンの**クランク機構**（燃料の燃焼で生じる往復運動を回転運動に変える機構）を模式的に表したものである．x 軸上の正の部分 $(x > 0)$ を往復する点 P の運動を棒 PQ（コネクティングロッドと呼ばれる）によって，棒 OQ（クランクアームと呼ばれる）の O を中心とする回転運動に変える．コネクティングロッドの長さ L とクランクアームの長さ r は，$L > r$ を満たし，点 P の座標 x とクランクアームの角度 θ は時刻 t の微分可能な関数であるとする.

(1) x を L, r, θ で表せ.

(2) $\dfrac{dx}{dt}$ を $L, r, \theta, \dfrac{d\theta}{dt}$ で表せ.

(3) $\theta = \dfrac{\pi}{2}$ のとき，$\dfrac{dx}{dt}$ を r と $\dfrac{d\theta}{dt}$ で表せ.

(4) $r = 3$ (cm) とし，角速度は $\dfrac{d\theta}{dt} = 200\pi$ (rad/s) の一定値とする．$\theta = \dfrac{\pi}{2}$ のときの P の速さ $\left|\dfrac{dx}{dt}\right|$ を求めよ（m/s の単位で表せ）．$\pi = 3.14$ として計算せよ.

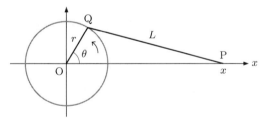

ヒント **(1)**, **(2)** 余弦定理により，$L^2 = r^2 + x^2 - 2rx\cos\theta$ が成り立つ．**(1)** は，これを x の 2 次方程式とみなして解けばよい．条件 $L > r$ より，$\sqrt{L^2 - r^2 \sin^2\theta} > \sqrt{r^2 - r^2 \sin^2\theta} = r|\cos\theta|$ であることに注意する.

2.3　平均値の定理 —フランスでは「有限増分の定理」—

2.3.1　平均値の定理

現在，多くの微分積分学の教科書では，次のような流れで微分の基礎を説明している（高校の「数学 Ⅲ」の教科書でも「発展的内容」として扱っているものもある）．

$$\boxed{\text{最大値・最小値の定理}} \longrightarrow \boxed{\text{ロルの定理}} \longrightarrow \boxed{\text{平均値の定理}} \longrightarrow \boxed{\text{増加関数の定理}}$$

これは，1868年（日本では明治元年）に出版されたフランスの数学者セレ (J. A. Serret, 1819-1885) の書いた教科書（Cours de Calcul Defférentiel et Intégral 微分積分学教程，Gauthier-Villars, Paris）がもとになっている．ただし，日本では，それがすんなりと受け入れられたわけではない．その「紆余曲折」について興味のある人は，

　　小藤俊幸「旧制高等学校の微分積分学における平均値の定理」，数学教育史研究，第

　　18号，pp. 13-18，2018年

　　https://www.jstage.jst.go.jp/article/jshsme/18/0/18_13/_article/-char/ja/

を読んでみてほしい．

定理 2.6（ロルの定理）　関数 $f(x)$ が $[a, b]$ で連続，(a, b) で微分可能で $f(a) = f(b)$ を満たすならば，$f'(c) = 0, a < c < b$ を満たす実数 c が存在する．

注意 2.1　本来のロルの定理 (Rolle 1690) は，$f(x)$ が多項式の場合に関する代数的な定理である．ロル (M. Rolle, 1652-1719) 自身は，ニュートンやライプニッツによって創始された微分積分学に批判的であったといわれる．

証明　関数 $f(x)$ は $[a, b]$ で連続，(a, b) で微分可能で $f(a) = f(b)$ を満たすものとする．**最大値・最小値の定理**（**定理 2.2**）により，$f(x)$ は $[a, b]$ 上で最大値と最小値をもつ．さらに，両端点の値が等しい（$f(a) = f(b)$）ことから，$f(x)$ は，最大値と最小値の少なくとも一方を内部 (a, b) の点でとるか，あるいは，定数関数である．実際，最大値と最小値の両方を端点でとるならば，$f(a) = f(b)$ より，$f(x)$ の値は区間 $[a, b]$ 全体でこの値に等しい．

$f(x)$ が内部の点 $c \in (a, b)$ で最大値をとる場合，$|h|$ が十分小さい h に対して，$f(c) \geq f(c + h)$ が成り立つ．したがって，

$$h > 0 \text{ のとき } \frac{f(c+h) - f(c)}{h} \leq 0, \quad h < 0 \text{ のとき } \frac{f(c+h) - f(c)}{h} \geq 0$$

となり，$h \to 0$ の極限をとると，それぞれ $f'(c) \leq 0, f'(c) \geq 0$ が成り立つことから，$f'(c) = 0$ が得られる．内部で最小値をとる場合も同様である．定数関数の場合は $f'(x) = 0$ となるので，$a < c < b$ の任意の c について $f'(c) = 0$ が成り立つ．　**証明終**

定理 2.7（平均値の定理）　関数 $f(x)$ は閉区間 $[a, b]$ で連続であって，開区間 (a, b) で微分可能であるとする．そのとき，

$$\frac{f(b) - f(a)}{b - a} = f'(c), \, a < c < b \tag{2.35}$$

を満たす実数 c が存在する.

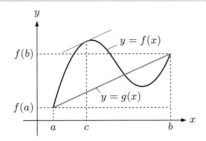

定理 2.7 を証明するために次の定理を準備する.

定理 2.8（競馬定理） 関数 $f(x)$, $g(x)$ は閉区間 $[a, b]$ で連続であって，開区間 (a, b) で微分可能であるとする．さらに，$f(a) = g(a)$, $f(b) = g(b)$ が成り立つものとすると，$f'(c) = g'(c)$, $a < c < b$ を満たす実数 c が存在する.

証明 $F(x) = f(x) - g(x)$ は $[a, b]$ で連続，(a, b) で微分可能で，$F(a) = F(b) = 0$ を満たす．したがって，ロルの定理により，$F'(c) = 0$, $a < c < b$ を満たす実数 c が存在する．$F'(c) = f'(c) - g'(c)$ より，$F'(c) = 0$ は $f'(c) = g'(c)$ にほかならない. **証明終**

上の定理は，次のような解釈から**競馬定理** (Horserace Theorem) と呼ばれている．あるレースで，2 頭の馬が同時にスタートして同時にゴールしたとする．そのとき，レース中のある時刻で 2 頭は同じ速度だったはずである.

田丸若奈さん（2017 年卒業）画

証明（定理 2.7） $f(x)$ を平均値の定理の仮定を満たす関数とし，2 点 $(a, f(a))$, $(b, f(b))$ を通る直線を $y = g(x)$ と表す．具体的には，$g(x)$ は

$$g(x) = \frac{f(b) - f(a)}{b - a}(x - a) + f(a) \tag{2.36}$$

のように表され，$[a, b]$ で連続，(a, b) で微分可能である．さらに，$f(a) = g(a)$, $f(b) = g(b)$ が成り立つことから，$f(x)$, $g(x)$ は**競馬定理**（定理 2.8）の仮定を満たす．したがって，$f'(c) = g'(c)$, $a < c < b$ を満たす実数 c が存在する.

$$g'(x) = \frac{f(b) - f(a)}{b - a} \tag{2.37}$$

であることから，これは (2.35) が成り立つことにほかならない. **証明終**

2.3.2 平均値の定理の使い方

平均値の定理の応用としては，不等式の証明や<u>関数の増減</u>が基本的である.

例題 2.4 $0 < a < b$ のとき，次が成り立つことを示せ.

$$\frac{1}{b} < \frac{\log b - \log a}{b - a} < \frac{1}{a} \tag{2.38}$$

解 $f(x) = \log x$ の導関数は $f'(x) = \dfrac{1}{x}$ となり，平均値の定理により，

$$\frac{\log b - \log a}{b - a} = \frac{1}{c}, \quad a < c < b \tag{2.39}$$

を満たす実数 c が存在する. $0 < a < c < b$ より，$\dfrac{1}{a} > \dfrac{1}{c} > \dfrac{1}{b}$ となることから，(2.38) の不等式が得られる.

定理 2.9 (増加関数の定理) 関数 $f(x)$ は閉区間 $[a, b]$ で連続であって，開区間 (a, b) で微分可能であるとする. そのとき，$f'(x) > 0$ $(a < x < b)$ が成り立つならば，$f(x)$ は $[a, b]$ で (狭義) 単調増加，すなわち，$a \leq x < y \leq b$ を満たす任意の x, y に対して，$f(x) < f(y)$ が成り立つ.

証明 $a \leq x < y \leq b$ とすると，平均値の定理により，$x < c < y$ を満たす c が存在して，$f(y) - f(x) = f'(c)(y - x)$ が成り立つ. $f'(c) > 0$ より，$f(y) - f(x) > 0$，すなわち，$f(x) < f(y)$ が成り立つ. **証明終**

この定理を平均値の定理を使わないで証明するのは意外にやっかいである. 条件「$f'(x) > 0 \, (a < x < b)$」は (a, b) の各点を含む「微小区間」で $f(x)$ が増加関数であることを示している. そうした「微小区間」を寄せ集めて，有限の大きさの区間にできることは自明とはいえない. 平均値の定理は，単に「各点での増大」ではなく，「一定の幅をもった区間での増大」を保証することから，フランスでは**有限増分の定理** (Théorème des Accroissements Finis) と呼ばれている.

単調減少，定数の場合も含めてまとめると次のようになる. 関数 $f(x)$ は閉区間 $[a, b]$ で連続であって，開区間 (a, b) で微分可能であるとする.

(a) 区間 (a, b) 上でつねに $f'(x) > 0$ $\implies$ $f(x)$ は $[a, b]$ で単調増加

(b) 区間 (a, b) 上でつねに $f'(x) < 0$ $\implies$ $f(x)$ は $[a, b]$ で単調減少

(c) 区間 (a, b) 上でつねに $f'(x) = 0$ $\implies$ $f(x)$ は $[a, b]$ で定数

このうち，**(a)**, **(b)** については，高校で十分勉強してきていると思うので，ここでは，比較的印象が薄いと思われる **(c)** の応用例を紹介する.

■エネルギー保存の法則■ 簡単のため，直線 (x 軸) 上の質点の運動を考える. 質点の質量を m，位置座標を $x(t)$，質点に働く力を f とするとき，ニュートンの運動方程式

$$m\,x''(t) = f \tag{2.40}$$

が成り立つ. 力 f が座標 x の関数 $U(x)$ を用いて,

$$f = -U'(x) \tag{2.41}$$

と表されるとき ($U'(x)$ は $U(x)$ の x での微分を表す), f は**保存力**であるといい, 関数 $U(x)$ を **ポテンシャル** (potential) と呼ぶ. バネ定数 k のバネに結ばれた質点に働く力は, バネの自然長からの変位を x とするとき, $U(x) = \frac{1}{2}kx^2$ をポテンシャルとする保存力 $f = -U'(x) = -kx$ である. また, 重力によって落下する物体に働く力は, x 軸を垂直上向きにとり, 空気抵抗を無視すると, $U(x) = mgx$ をポテンシャルとする保存力 $f = -U'(x) = -mg$ となる. 一般に, 力が x の関数 $f = f(x)$ であるとき, ポテンシャルは $U(x) = -\int f(x)\,dx$ で与えられる.

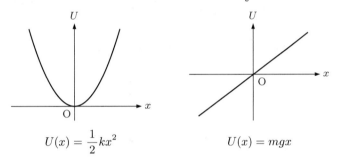

$$U(x) = \frac{1}{2}kx^2 \qquad\qquad U(x) = mgx$$

質量 m の質点に保存力が働いて運動するとき,

$$E(t) = \frac{1}{2}\,m\,x'(t)^2 + U\big(x(t)\big) \tag{2.42}$$

は時刻 t によらない定数となる. 実際, この関数を t で微分すると,

$$\begin{aligned}
E'(t) &= m\,x'(t)\cdot x''(t) + U'\big(x(t)\big)x'(t) \\
&= x'(t)\Big\{mx''(t) + U'\big(x(t)\big)\Big\}
\end{aligned}$$

となる. したがって, (2.40), (2.41) から $E'(t) = 0$ となり, $E(t)$ は t の値によらない定数である. $E(t)$ を**力学的エネルギー**と呼び, 力学的エネルギーが t の値によらない一定値になることを**力学的エネルギー保存の法則**という.

> **例 2.2** 支点から, フックの法則に従うバネ定数 k のバネでつるされた質量 m の小球がある. はじめにバネが自然長になるように小球を押さえておき (時刻 $t = 0$ で) 急に手を放す.
>
> 垂直方向に x 軸をとり, 上向きを正の方向とし, バネの自然長の状態の下端の位置を原点 $(x = 0)$ とすると, バネに働く力は
>
> $$f = -kx - mg \tag{2.43}$$
>
> と表される. ここで, g は重力加速度である. ポテンシャル $U(x)$ を求めると,
>
> $$U(x) = -\int(-kx - mg)\,dx = \frac{1}{2}kx^2 + mgx \tag{2.44}$$

となり（積分定数は省略），

$$U(x) = \frac{1}{2}kx^2 + mgx = \frac{1}{2}k\left(x + \frac{mg}{k}\right)^2 - \frac{m^2g^2}{2k}$$

より，$U(x)$ のグラフは下図のような放物線である.

エネルギー保存の法則により，$E(t) = \frac{1}{2}mx'(t)^2 + U\big(x(t)\big)$ は t によらない定数となり，$x'(0) = x(0) = 0$ より，$E(0) = 0$ となることから，t によらず常に

$$\frac{1}{2}mx'(t)^2 + U\big(x(t)\big) = 0 \tag{2.45}$$

が成り立つ. $x'(t)^2 \geq 0$ より，x は $U(x) \leq 0$ の範囲，すなわち，$-\frac{2mg}{k} \leq x \leq 0$ の範囲（可動域と呼ばれる）を動く. また，速度 $x'(t)$ の大きさが最大になるのは，$U(x)$ が最小になるときである. ポテンシャル $U(x)$ は $x = -\frac{mg}{k}$ のとき，最小値 $-\frac{m^2g^2}{2k}$ をとることから，$\frac{1}{2}mx'(t)^2$ は最大値 $\frac{m^2g^2}{2k}$ をとり，$|x'(t)|$ の最大値は $g\sqrt{\frac{m}{k}}$ となる.

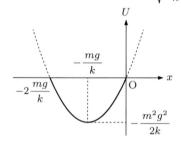

問 題 2.3

問 1 $f(x) = 3x^2 - x^3, a = 0, b = 1$ の場合について，平均値の定理の式 (2.35) を満たす c の値を求めよ.

ヒント 2次方程式 $ax^2 + bx + c = 0$ の解は $x = \dfrac{-b \pm \sqrt{b^2 - 4ac}}{2a}$　（解の公式）.

問 2 $f(x) = x \log x \ (x > 0)$ とする.

(1) $f'(x)$ を求めよ.

(2) $0 < a < b$ のとき，次が成り立つことを示せ.

$$\log a + 1 < \frac{b \log b - a \log a}{b - a} < \log b + 1 \tag{2.46}$$

問 3 $a > 0$ とする. $\displaystyle\lim_{x \to +\infty} f'(x) = A$ のとき　$\displaystyle\lim_{x \to +\infty}\{f(x+a) - f(x)\}$ を求めよ.

問 4 長さ l の（質量が無視できる）棒に質量 m のおもりが付いた振り子を考える. 水平方向に x 軸を，鉛直方向に y 軸をとり，支点の位置を原点とする. 鉛直下向きからの棒の角度を θ とすると，おもりの位置座標は $x = l \sin\theta, y = -l \cos\theta$ と表される. また，運動方程式は，角度 θ を変数として，

$$l \frac{d^2\theta}{dt^2} = -g \sin\theta \tag{2.47}$$

のように表される（2.1節, p.21）．ただし，g は重力加速度である．

(1) $x'(t)$, $y'(t)$ を l, $\theta(t)$, $\theta'(t)$ で表せ．

(2) $E(t) = \frac{1}{2} m\{x'(t)^2 + y'(t)^2\} - mgl\cos\theta(t)$ は（t の値によらない）定数であることを示せ．

(3) $t = 0$ での質点の位置を $(0, -l)$ とし，x 軸方向に $v_0 > 0$ の初速度を与える（y 軸方向の速度は 0 とする）．v_0 をどのような大きさにとると，振り子が回転運動をするか．

問5 八事製鉄所と本山銅精錬所が 4 km 離れて建っている．この 2 つを結ぶ線分上，製鉄所から x km $(0.1 \leq x \leq 3.9)$ の位置における**粒子状物質**（particulate matter, PM, マイクロメートルの大きさの微粒子のことで，粉塵や排気ガスなどの大気汚染物質を指す）の濃度は

$$C(x) = \frac{8k}{x^2} + \frac{27k}{(4-x)^2}$$

と表される．ただし，k は正の定数である．

(1) $C'(x)$ を求めよ．

(2) 八事製鉄所と本山銅精錬所との間に病院を建てるとしたら，製鉄所から何 km 離れたところに建てるのが一番マシだと考えられるか．

ヒント **(2)** $C'(x)$ の整頓の仕方に工夫をするとよい．例えば，$C'(x) = -\frac{16k}{(4-x)^3}\{\cdots\}$ の形に直すとよい．$\frac{4-x}{x}$ は $0 < x < 4$ で正の値をとる単調減少関数である．

第 3 章

微分の発展的内容

3.1 ニュートン法 ——「解けない」問題を解く——

3.1.1 ニュートン法

■「**解けない」問題**■ 斜方投射された物体の位置座標は,空気抵抗の大きさが速度に比例する場合(空気抵抗の比例定数 k を「単位質量あたり」でとると)

$$x(t) = \frac{v_0 \cos\theta}{k}\left(1 - e^{-kt}\right), \quad y(t) = \frac{(g + kv_0\sin\theta)\left(1 - e^{-kt}\right) - gkt}{k^2} \tag{3.1}$$

の式で表される.ここで,v_0 は初速度の大きさ,θ は投射の(水平方向からの)角度,k は空気抵抗の比例定数,g は重力加速度である.この式から,例えば,水平方向の到達距離を求めようとしても,「純然たる数学的な方法」では無理である.$y(t) = 0$ の解(水平面に達する時刻)が空気抵抗のない場合のように簡単な式では表されないからである.このようなことは,現実的な問題を解こうとする場合,フツーに起きる.そこで,コンピュータが必要になる.

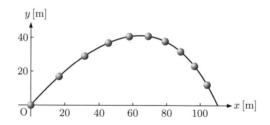

■**ニュートン法**■ 関数 $f(x)$ に対して,$f(\alpha) = 0$ を満たす α(方程式 $f(x) = 0$ の解という)の近似値を,適当な実数 x_0(初期近似と呼ぶ)を与えて,次の漸化式で計算する.

$$x_{n+1} = x_n - \frac{f(x_n)}{f'(x_n)} \quad (n = 0, 1, \dots) \tag{3.2}$$

この漸化式は,$y = f(x)$ の $\left(x_n, f(x_n)\right)$ における接線と x 軸との交点を x_{n+1} として得られる(次の図参照).実際,接線の方程式は $y = f'(x_n)(x - x_n) + f(x_n)$ と表されることから,x 軸との交点 x_{n+1} は $0 = f'(x_n)(x_{n+1} - x_n) + f(x_n)$ を満たし,$f'(x_n) \neq 0$ ならば,(3.2) が導かれる.

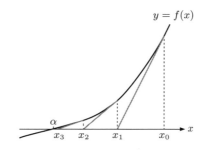

例 3.1　$c > 0$ を定数とし，$f(x) = x^2 - c$ とおくと，代数方程式 $f(x) = 0$ の（正の）解は c の平方根 $\alpha = \sqrt{c}$ となる．また，$f'(x) = 2x$ より，この場合のニュートン法の公式は次のようになる．

$$x_{n+1} = x_n - \frac{x_n{}^2 - c}{2x_n} = \frac{x_n{}^2 + c}{2x_n} \tag{3.3}$$

例えば，$c = 2$, $x_0 = \dfrac{3}{2}\left(= 1.5\right)$ として，x_1, x_2, x_3, x_4 を計算すると，

$$
\begin{aligned}
x_1 &= \tfrac{17}{12} &&= \underline{1.41666666666666666666666666666}\cdots \\
x_2 &= \tfrac{577}{408} &&= \underline{1.414215686274509}80392156862745\cdots \\
x_3 &= \tfrac{665857}{470832} &&= \underline{1.41421356237468}9910 62629557889\cdots \\
x_4 &= \tfrac{886731088897}{627013566048} &&= \underline{1.4142135623730950488016}8962350\cdots
\end{aligned}
$$

のようになる．各近似値は，小数の下線の付けられた桁までが解の真値

$$\sqrt{2} = 1.41421356237309504880168872420\cdots$$

と一致する．すなわち，x_1, x_2, x_3, x_4 は，それぞれ 3 桁，6 桁，12 桁，24 桁めまでが真値と一致する．このように，ニュートン法による近似値は（うまくいく場合には）真値を与える桁数が計算の度に倍，倍と増えていく（ニュートン法は **2 次収束**するという）．

　参考までに，**例 3.1** の問題の C 言語によるプログラム例を示す．結果は

```
1       1.4166666666666667
2       1.4142156862745099
3       1.4142135623746899
4       1.4142135623730951
```

となり，上の（厳密な）計算結果とは若干異なる．計算に，浮動小数点演算と呼ばれる演算方式（「有効桁数」が 10 進換算で 16 桁弱の「有限桁計算」）が使われているためである．

```
1  #include <stdio.h>
2  #include <math.h>
3
4  double f(double x)
5  {
```

```
 6        return x*x - 2.0;
 7   }
 8
 9   double df(double x)
10   {
11        return 2.0*x;
12   }
13
14   int main()
15   {
16        double x, x1;
17        int n;
18
19        x = 1.5;
20        for(n = 1; n <= 4; n++)
21        {
22             x1 = x - f(x)/df(x);
23             printf("%d\t%.16f\n", n, x1);
24             x = x1;
25        }
26        return 0;
27   }
```

C 言語の参考書として,

柴田望洋, 『新・明解 C 言語 入門編』, ソフトバンククリエイティブ

を紹介しておく. 長年, 本学理工学部のプログラミング教育の教科書として使用されてきた. ていねいにわかりやすく書かれた良書だと思う.

3.1.2   うまくいくときはうまくいく

ここでは, 平均値の定理を使って証明できる「収束性」について述べる. 以下, $f(x)$ は $x = \alpha$ の近くで C^2 級 ($f'(x), f''(x)$ が存在して連続関数であること) で $f'(x) \neq 0$ を満たすものとする. そのとき, $g(x) = x - \dfrac{f(x)}{f'(x)}$ とおくことにより, (3.2) は $x_{n+1} = g(x_n)$ と表せる. 関数 $g(x)$ の微分は

$$g'(x) = 1 - \frac{f'(x)^2 - f(x)f''(x)}{f'(x)^2} = \frac{f(x)f''(x)}{f'(x)^2} \tag{3.4}$$

となり, 特に, $f(x) = 0$ の解 α では, $g'(\alpha) = 0$ が成り立つ. 関数 $f(x)$ が C^2 級であるという仮定から, $g'(x)$ は $x = \alpha$ の近くで連続な関数となる. したがって, $\varepsilon > 0$ と $0 < \gamma < 1$ を満たす γ が存在して,

$$x \in [\alpha - \varepsilon, \alpha + \varepsilon] \implies |g'(x)| \leq \gamma \tag{3.5}$$

が成り立つ.

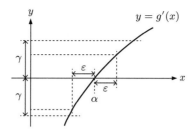

一方，平均値の定理により，$x, y \in [\alpha - \varepsilon, \alpha + \varepsilon]$, $x \neq y$ ならば，ある $z \in [\alpha - \varepsilon, \alpha + \varepsilon]$ が存在して，

$$g(x) - g(y) = g'(z)(x - y) \tag{3.6}$$

が成り立つ．これと (3.5) を合わせて，

$$x, y \in [\alpha - \varepsilon, \alpha + \varepsilon] \quad \Longrightarrow \quad |g(x) - g(y)| \leq \gamma |x - y| \tag{3.7}$$

が成り立つ．特に，$y = \alpha$ とおくと，$f(\alpha) = 0$ から $g(\alpha) = \alpha$ となり，

$$x \in [\alpha - \varepsilon, \alpha + \varepsilon] \quad \Longrightarrow \quad |g(x) - \alpha| \leq \gamma |x - \alpha| \tag{3.8}$$

が成り立つ．

さらに，$x_n \in [\alpha - \varepsilon, \alpha + \varepsilon]$ を仮定すれば，$x = x_n$ とおくことにより，

$$|x_{n+1} - \alpha| \leq \gamma |x_n - \alpha| \tag{3.9}$$

が得られる．したがって，初期近似 x_0 を $|x_0 - \alpha| \leq \varepsilon$ を満たすように与えると，任意の自然数 n について，$|x_n - \alpha| \leq \varepsilon$ が成り立ち（正確には数学的帰納法による），等比数列の一般項を求めるのと同様な「手順」により，

$$|x_n - \alpha| \leq \gamma^n |x_0 - \alpha| \tag{3.10}$$

が示される．$0 < \gamma < 1$ より，右辺の $n \to \infty$ とした極限は 0 である．はさみうちの原理により，$x_n \to \alpha \ (n \to \infty)$ が成り立つ．

> **例 3.2（k 乗根の計算）** $c > 0$ を定数，k を自然数とするとき，c の k 乗根 $\sqrt[k]{c}$（の近似値）は $f(x) = x^k - c$ に対するニュートン法
>
> $$x_{n+1} = x_n - \frac{x_n{}^k - c}{k\,x_n{}^{k-1}} = \frac{(k-1)x_n{}^k + c}{k\,x_n{}^{k-1}} \quad (n = 1, 2, \ldots) \tag{3.11}$$
>
> を用いて計算することができる．

関数 $y = x^k$ は $x > 0$ で単調増加であることから，$x_n > \sqrt[k]{c}$ ならば，$x_n{}^k > c$ となる．したがって，$x_n > \sqrt[k]{c}$ ならば，$x_{n+1} - x_n = -\dfrac{x_n{}^k - c}{k\,x_n{}^{k-1}} < 0$, すなわち，$x_{n+1} < x_n$ が成り立つことから，初期近似 x_0 を $x_0 > \sqrt[k]{c}$ を満たすように選べば（例えば，$c > 1$ のとき，$x_0 = c$, $c < 1$ のとき，$x_0 = 1$ とする），<u>$x_n > \sqrt[k]{c}$ である限り，数列 $\{x_n\}$ は単調減少となる</u>．そのことに注意して，次の例題を考えてみよう．

例題 3.1　**例 3.2** の $k=3$ の場合を考える. $\alpha = \sqrt[3]{c}$ とおくとき, 以下を示せ.

(1) $x_n > \alpha$ ならば $0 < x_{n+1} - \alpha < \dfrac{1}{\alpha}(x_n - \alpha)^2$ が成り立つ.

(2) $c = 2,\ x_0 = 1.3$ のとき, $x_2 - \sqrt[3]{2} < \dfrac{1}{2 \cdot 10^4}$ が成り立つ.

　（数値的には $x_2 \fallingdotseq 1.2599222,\ \sqrt[3]{2} \fallingdotseq 1.2599210$ となり, $x_2 - \sqrt[3]{2} \fallingdotseq 1.2 \times 10^{-6}$ である.）

解

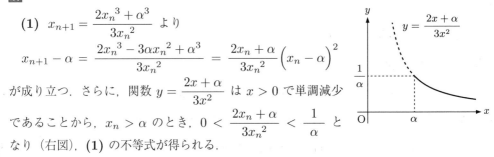

(1) $x_{n+1} = \dfrac{2x_n{}^3 + \alpha^3}{3x_n{}^2}$ より

$$x_{n+1} - \alpha = \frac{2x_n{}^3 - 3\alpha x_n{}^2 + \alpha^3}{3x_n{}^2} = \frac{2x_n + \alpha}{3x_n{}^2}\left(x_n - \alpha\right)^2$$

が成り立つ. さらに, 関数 $y = \dfrac{2x + \alpha}{3x^2}$ は $x > 0$ で単調減少

であることから, $x_n > \alpha$ のとき, $0 < \dfrac{2x_n + \alpha}{3x_n{}^2} < \dfrac{1}{\alpha}$ と

なり (右図), **(1)** の不等式が得られる.

(2) $1.2^3 = 1.728,\ 1.3^3 = 2.197$ より, $1.2 < \sqrt[3]{2} < 1.3$ が成り立つ. したがって,

$0 < x_0 - \sqrt[3]{2} < \dfrac{1}{10}$. **(1)** の不等式 $(n = 0)$ を用いると, $x_1 - \sqrt[3]{2} < \dfrac{1}{\sqrt[3]{2}}\left(x_0 - \sqrt[3]{2}\right)^2$

$< \dfrac{1}{\sqrt[3]{2} \cdot 10^2}$ が得られる. さらに, **(1)** の不等式 $(n = 1)$ を用いると, 次が得られる.

$$x_2 - \sqrt[3]{2} < \frac{1}{\sqrt[3]{2}}\left(x_1 - \sqrt[3]{2}\right)^2 < \frac{1}{\sqrt[3]{2}}\left(\frac{1}{\sqrt[3]{2} \cdot 10^2}\right)^2 = \frac{1}{\sqrt[3]{2} \cdot \sqrt[3]{2^2} \cdot 10^4} = \frac{1}{2 \cdot 10^4}$$

■「解けない」問題の解答■　初速度の大きさを $v_0 = 50\ \text{(m/s)}$, 空気抵抗の比例定数を $k = 0.245$ とする（ほぼホームランの打球の速度と野球のボールの比例定数の値である）. いくつかの角度について, $y(t) = 0$ を満たす t, すなわち, 水平面に到達する時刻をニュートン法で求め, 対応する $x(t)$ の値, すなわち, 到達距離を求めると, 次のようになる. 到達距離が最長になるのは, 空気抵抗がない場合の $45°$ よりも小さい角度であることがわかる.

表 3.1　斜方投射の角度と到達距離

角度 (°)	30	35	40	45	50
到達時刻 (s)	4.3	4.9	5.4	5.9	6.3
到達距離 (m)	115.8	116.8	114.7	110.0	103.0

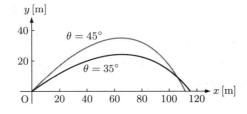

問1 例 **3.2** の $k = 2$ の場合を考える. $\alpha = \sqrt{c}$ とおくとき, 以下を示せ.

(1) $x_n > \alpha$ ならば $0 < x_{n+1} - \alpha < \dfrac{1}{2\alpha}(x_n - \alpha)^2$ が成り立つ.

(2) $c = 2$, $x_0 = 1.5$ のとき, $x_2 - \sqrt{2} < \dfrac{1}{16\sqrt{2} \cdot 10^4}$ $\left(\fallingdotseq 4.419 \times 10^{-6} \right)$ が成り立つ.

ヒント (2) $1.4^2 = 1.96$, $1.5^2 = 2.25$ より, $1.4 < \sqrt{2} < 1.5$ であるから, $x_0 - \sqrt{2} < \dfrac{1}{10}$ が成り立つ. (x_2 の "実際の" 誤差は 2.124×10^{-6} である. **例 3.1** の計算例参照.)

問2 $1.2 < \sqrt[3]{2} < 1.3$ である. ニュートン法を用いて, $\sqrt[3]{2}$ の値を小数点以下 4 桁めまで正しく求めよ. 小数点以下 4 桁めまで正しいことを証明する必要はないが, そのように考えられる理由を述べよ.

問3 a を正の実数とし, $f(x) = \dfrac{1}{x} - a$ で定められる関数 $f(x)$ を考える. $f(x) = 0$ の解, すなわち, $x = \dfrac{1}{a}$ を求めるためのニュートン法による近似値 x_n について, $r_n = 1 - ax_n$ とおく.

(1) この場合のニュートン法の反復公式を具体的に書け.

(2) r_{n+1} を r_n の式で表せ.

(3) $r_0 = 0.1$ のとき, r_1 と r_2 を求めよ.

(4) $|r_0| < 1$ ならば, $x_n \to \dfrac{1}{a}$ $(n \to \infty)$ が成り立つことを示せ.

3.2 逆三角関数

3.2.1 三角関数を「単射」にする

三角関数は周期関数であるから，実数全体を定義域とすると，単射ではないので，逆関数は考えられない．三角関数の逆関数を考える際には，まず，定義域を制限して，三角関数が単射を定めるようにする．

$\sin x$ は，定義域を $[-\pi/2, \pi/2]$ にとって，値域 $[-1, 1]$ への単射とする．対応する逆関数を $\arcsin x$ で表し，アークサイン[1]という．$\sin^{-1} x$ と表すこともあり，C 言語では asin(x) と書く．

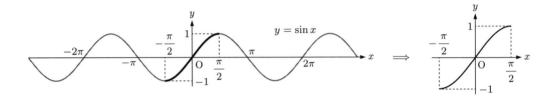

$\cos x$ は，定義域を $[0, \pi]$ にとって，値域 $[-1, 1]$ への単射とする．対応する逆関数を $\arccos x$ で表し，アークコサイン という．$\cos^{-1} x$ と表すこともあり，C 言語では acos(x) と書く．

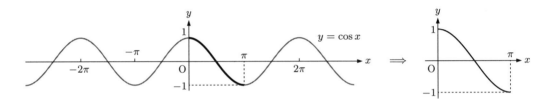

図形的には，sin の場合，単位円周の右半分を，cos の場合，上半分を考えることになる．

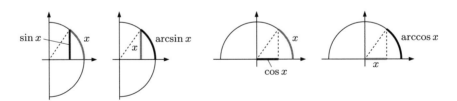

例えば，$\arcsin \dfrac{1}{2} = \dfrac{\pi}{6}$ ，$\arcsin \dfrac{1}{\sqrt{2}} = \dfrac{\pi}{4}$ ，$\arcsin \left(-\dfrac{\sqrt{3}}{2}\right) = -\dfrac{\pi}{3}$ である．

---

[1] アーク (arc) は弧のこと．通常の sin が角度（単位円周の弧の長さ）から弦の長さを与えるのに対して，arcsin は弦の長さから弧の長さを与えるので，「弧の sin」と呼ばれる．アークコサイン，アークタンジェントも同様である．

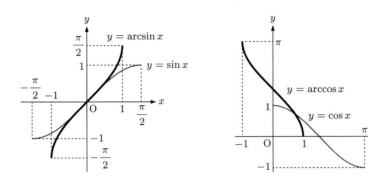

$\tan x$ はもともと $x = \dfrac{\pi}{2} + n\pi$ $(n \in \mathbb{Z})$ で不連続な関数である．定義域を $(-\pi/2, \pi/2)$ にとると，値域 $(-\infty, \infty)$ への単射になる．逆関数を $\arctan x$ と表し，アークタンジェント という．$\tan^{-1} x$ と表すこともあり，C 言語では atan(x) と書く．

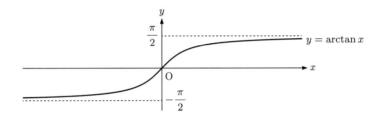

3.2.2　逆三角関数の微分

■逆関数の微分■　一般に，関数 $f(x)$ に対して，逆関数 $f^{-1}(x)$ が存在して，ともに適当な区間で微分可能であるとする．

$$f\left(f^{-1}(x)\right) = x \tag{3.12}$$

を合成関数の微分公式を使って微分すると，

$$f'\left(f^{-1}(x)\right)\left(f^{-1}\right)'(x) = 1 \tag{3.13}$$

が成り立つ．したがって，逆関数の微分 $\left(f^{-1}\right)'(x)$ は

$$\left(f^{-1}\right)'(x) = \frac{1}{f'\left(f^{-1}(x)\right)} \tag{3.14}$$

と表される．

　この公式で $\arcsin x$ の微分を求めてみよう．$\arcsin x$ の定義域は $[-1, 1]$ であり，グラフから $x = -1, x = 1$ で微分できないことがわかる（「接線」が y 軸に平行になっている）．$-1 < x < 1$ とする．$\arcsin x$ は $f(x) = \sin x$ の逆関数であるから，$f'(x) = \cos x$ より，

$$(\arcsin x)' = \frac{1}{\cos(\arcsin x)} \tag{3.15}$$

となる．$-1 < x < 1$ より，$-\pi/2 < \arcsin x < \pi/2$ が成り立つことから，$\cos(\arcsin x) > 0$ である．したがって，$\cos(\arcsin x)$ は $\sin$ を使って表し，さらに，$\sin(\arcsin x) = x$ を使って変形

すると,

$$\cos(\arcsin x) = \sqrt{1 - \sin^2(\arcsin x)} = \sqrt{1 - x^2} \tag{3.16}$$

と表される. これを (3.15) 式に代入して,

$$(\arcsin x)' = \frac{1}{\sqrt{1 - x^2}} \tag{3.17}$$

が得られる. $\arccos x$ や $\arctan x$ の微分も同様に求めることができる. 特に, $\arctan x$ の微分は

$$(\tan x)' = \frac{1}{\cos^2 x} = 1 + \tan^2 x \quad (-\pi/2 < x < \pi/2) \tag{3.18}$$

と (3.14) から導かれる.

表 **3.2**　逆三角関数の特性

関数	定義域	値域	導関数
$y = \arcsin x$	$-1 \le x \le 1$	$-\dfrac{\pi}{2} \le y \le \dfrac{\pi}{2}$	$\dfrac{dy}{dx} = \dfrac{1}{\sqrt{1 - x^2}}$
$y = \arccos x$	$-1 \le x \le 1$	$0 \le y \le \pi$	$\dfrac{dy}{dx} = -\dfrac{1}{\sqrt{1 - x^2}}$
$y = \arctan x$	$-\infty < x < \infty$	$-\dfrac{\pi}{2} < y < \dfrac{\pi}{2}$	$\dfrac{dy}{dx} = \dfrac{1}{1 + x^2}$

　$\arcsin x$ は $\sin x$ $(-\pi/2 \le x \le \pi/2)$ の逆関数である. したがって, $-\pi/2 \le x \le \pi/2$ に対しては,

$$\arcsin(\sin x) = x \tag{3.19}$$

が成り立つ. しかし, $-\pi/2 \le x \le \pi/2$ は逆関数を定義するために「人為的に」設けられた $\sin x$ の制限であり, 左辺は, この範囲にない実数 x についても計算することができる. 例えば, $x = \dfrac{2}{3}\pi$ とすると, $\sin x = \dfrac{\sqrt{3}}{2}$, $\arcsin\left(\sin x\right) = \dfrac{\pi}{3}$ となって, (当然のことながら) x とは一致しない. このことに注意して, **問 4** を考えてみよう.

問 題 3.2

問 1　次の値を求めよ.

　(1) $\arcsin \dfrac{1}{2}$　　　　**(2)** $\arccos\left(-\dfrac{\sqrt{3}}{2}\right)$　　　　**(3)** $\arctan \sqrt{3}$

　(4) $\tan\left(\arccos \dfrac{1}{\sqrt{2}}\right)$　　**(5)** $\cos\left(\arcsin \dfrac{12}{13}\right)$

問 2　次の方程式を解け.

　(1) $\arctan\left(4x - 3\right) = \dfrac{\pi}{4}$　　　　　　**(2)** $\arcsin x = \arccos \sqrt{x^2 - 1/2}$

　ヒント (2) $\theta = \arcsin x = \arccos \sqrt{x^2 - 1/2}$ とおくと, $\sin\theta = x$, $\cos\theta = \sqrt{x^2 - 1/2}$ が成り立つ. このとき, θ は $\arcsin$ と $\arccos$ の両方の値域に含まれていなければならないので, $0 \le \theta \le \dfrac{\pi}{2}$ であり, $\sin\theta = x$ から $x \ge 0$ が必要である.

問 3 $x > 0$ に対して，$\arctan x + \arctan \dfrac{1}{x} = \dfrac{\pi}{2}$ が成り立つことを示せ.

ヒント 証明法は少なくとも 2 つある. $\alpha = \arctan x$, $\beta = \arctan \dfrac{1}{x}$ とおくと，$\tan \alpha = x$, $\tan \beta = \dfrac{1}{x}$ のように書けることを利用する. あるいは，$f(x) = \arctan x + \arctan \dfrac{1}{x}$ $(x > 0)$ が定数関数であることを示してもよい.

問 4 $\varphi(x) = \arcsin(\sin x)$ とおく.

(1) $\varphi\left(\dfrac{5}{6}\pi\right)$ を求めよ.

(2) $\dfrac{\pi}{2} \leq x \leq \pi$ のとき，$\varphi(x)$ を x の式で表せ.

(3) $\varphi\left(-\dfrac{2}{3}\pi\right)$ を求めよ.

(4) $-\pi \leq x \leq -\dfrac{\pi}{2}$ のとき，$\varphi(x)$ を x の式で表せ.

(5) $y = \varphi(x)$ $(-\pi \leq x \leq \pi)$ のグラフをかけ.

問 5 関数 $f(x) = \arcsin x + 2\sqrt{1-x^2}$ $(-1 \leq x \leq 1)$ を考える.

(1) $f'(x)$ $(-1 < x < 1)$ を求めよ.

(2) $f(x)$ の $-1 \leq x \leq 1$ における最大値と最小値を求めよ.

(3) 曲線 $y = f(x)$ の点 $\left(-\dfrac{1}{2}, f\left(-\dfrac{1}{2}\right)\right)$ における接線の方程式を求めよ.

3.3   テイラーの公式 —関数を多項式で近似する—

C 言語では，exp（指数関数），log, sin, cos, tan, asin（アークサイン），acos（アークコサイ
ン），atan（アークタンジェント）などの数学関数が使える．これらの関数は，基本的には，関数
を多項式で（実際には，有理式が多い）近似することによって関数の値を算出している．

3.3.1   直観的なテイラーの公式

テイラーの公式は，テイラー（B. Taylor, 1685-1731）の名前で呼ばれているが，1600 年代末
から 1700 年代末までの約 100 年をかけて，複数の著名な数学者によって作られた公式である．
$\displaystyle\sum_{n=0}^{\infty} a_n x^n$ （a_n は定数）の形の和を**べき級数**と呼ぶ．指数関数，対数関数，三角関数，逆三角関数
などは，べき級数で表される．このことは，1600 年代の終わり頃から（ニュートンらによって），
さまざまな方法によって示されていた．例えば，$\log(1+x)$ は

$$\log(1+x) = \int_0^x \frac{dt}{1+t} \tag{3.20}$$

のように積分で表される．$|x| < 1$ とすると，被積分関数の t についても $|t| < 1$ が成り立ち，等
比級数の和の公式から

$$\frac{1}{1+t} = \frac{1}{1-(-t)} = 1 - t + t^2 - t^3 + \cdots \tag{3.21}$$

のように展開される．これを上式に代入して，項ごとに積分すると，

$$\log(1+x) = x - \frac{x^2}{2} + \frac{x^3}{3} - \frac{x^4}{4} + \cdots \tag{3.22}$$

が得られる．

公式の歴史的な導出方法（例えば，三角関数の公式は当初はド・モアブルの公式から導かれた）
に興味がある人は，E.ハイラー，G.ヴァンナー（蟹江幸博訳）『解析教程・上』，シュプリンガー・
ジャパン（1997），丸善出版（2012）の第 1 章を見るとよい．さまざまな公式に統一的な導出方法
を与えたのが「テイラーの公式」である．

■**直観的なテイラーの公式**（テイラー 1715，マクローリン 1742）■   以下は，主として，マク
ローリン（C. Maclaurin, 1698-1746）による説明である．a を実数（定数）とし，$x = a$ の近く
で定義された関数 $f(x)$ が

$$f(x) = \beta_0 + \beta_1 (x-a) + \beta_2 (x-a)^2 + \beta_3 (x-a)^3 + \cdots \tag{3.23}$$

の形に表されているものとする．ここで，$\beta_0, \beta_1, \ldots$ は，実数（定数）であり，"$+\cdots$" は，よ
り高次の項（$\beta_4 (x-a)^4, \beta_5 (x-a)^5, \ldots$）の和（のようなもの）を表し，$x = a$ を代入すると 0
になると考える．

まず，(3.23) の両辺に $x = a$ を代入すると，$f(a) = \beta_0$ となって，定数 β_0 が $\beta_0 = f(a)$ のよ
うに決まる．(3.23) を微分すると，

$$f'(x) = \beta_1 + 2\beta_2 (x-a) + 3\beta_3 (x-a)^2 + \cdots \tag{3.24}$$

となり，$x = a$ を代入して，$f'(a) = \beta_1$ が得られる．したがって，β_1 は $\beta_1 = f'(a)$ である．さ

らに, (3.24) を微分すると,

$$f''(x) = 2\beta_2 + 3 \cdot 2\beta_3(x-a) + \cdots \tag{3.25}$$

となり, $x = a$ を代入して, $f''(a) = 2\beta_2$ が得られる. したがって, β_2 は $\beta_2 = \dfrac{f''(a)}{2}$ である.

以下, 同様に, $f^{(3)}(a) = 3 \cdot 2\beta_3 \Rightarrow \beta_3 = \dfrac{f^{(3)}(a)}{3!}$, ... のようにして β_3 以降も定まり, (3.23) は次のようになる.

$$f(x) = f(a) + f'(a)(x-a) + \frac{f'(a)}{2}(x-a)^2 + \frac{f^{(3)}(a)}{3!}(x-a)^3 + \cdots \tag{3.26}$$

例えば, $f(x) = \log(1+x)$ のとき, $f'(x) = \dfrac{1}{1+x}$, $f''(x) = -\dfrac{1}{(1+x)^2}$, $f^{(3)}(x) = \dfrac{2}{(1+x)^3}$, ... , $f^{(n)}(x) = \dfrac{(-1)^{n-1}(n-1)!}{(1+x)^n}$ となり, $f(0) = 0$, $f^{(n)}(0) = (-1)^{n-1}(n-1)!$ $(n \geq 1)$ より ($0! = 1$ と定義する), $a = 0$ とおいた (3.26) は (3.22) と一致する.

3.3.2 「厳密な」テイラーの公式

定理 3.1 (テイラーの公式) 関数 $f(x)$ は, $f^{(n-1)}(x)$ までが $[a, b]$ で連続であって, (a, b) で n 回微分可能であるとする. そのとき,

$$f(b) = f(a) + \frac{f'(a)}{1!}(b-a) + \frac{f''(a)}{2!}(b-a)^2$$
$$+ \cdots + \frac{f^{(n-1)}(a)}{(n-1)!}(b-a)^{n-1} + \frac{f^{(n)}(c)}{n!}(b-a)^n \tag{3.27}$$

となる c $(a < c < b)$ が存在する.

注意 3.1 現在, ほとんどの教科書が同じ証明法を採用している. その証明法は, 次の教科書が基になっている. この教科書は, 明治時代に旧制高等学校 (戦前の学制による学校で, 現在の高校3年生から大学1, 2年生の生徒が通った) で使われた. 教科書は忘れ去られたが, 証明法だけは残ったということである.

B. Williamson, An Elementary Treatise on the Differential Calculus, containing the Theory of Plane Curves, with Numerous Examples, D. Appleton and co., New York, 1877.

注意 3.2 $n = 1$ のとき, 上の定理は平均値の定理である. その意味では, テイラーの公式は平均値の定理の拡張である. また, $a > b$ の場合でも, $f(x)$ が $[b, a]$, (b, a) 上で定理の条件を満たすならば, (3.27) が成り立つ. ただし, その場合は, $b < c < a$ である. $a < b$ の場合と $a > b$ の場合をひっくるめて述べるときは, 「c は a と b の間の数である」といったり, $c = (1-\theta)a + \theta b$ $(0 < \theta < 1)$ のように表したりする.

公式 (3.27) で, b を x で置き換えると, $n = 2$ の場合,

$$f(x) = f(a) + f'(a)(x-a) + \frac{f''(c)}{2}(x-a)^2 \tag{3.28}$$

が, $n = 3$ の場合,

$$f(x) = f(a) + f'(a)(x-a) + \frac{f''(a)}{2}(x-a)^2 + \frac{f'''(c)}{6}(x-a)^3 \tag{3.29}$$

が得られる. ここで, c はいずれも $a < c < x$ (あるいは, $x < c < a$) を満たす実数である (x

に依存し，公式 (3.28) と (3.29) では値が異なる）．さらに，$x \fallingdotseq a$ の場合を考えることにより，(3.28) から，1 次の近似式

$$f(x) \fallingdotseq f(a) + f'(a)(x - a) \tag{3.30}$$

(3.29) から，2 次の近似式

$$f(x) \fallingdotseq f(a) + f'(a)(x - a) + \frac{f''(a)}{2}(x - a)^2 \tag{3.31}$$

が得られる．

▓指数関数と三角関数のテイラー展開▓　$f(x) = e^x$ のとき，任意の自然数 n に対して，$f^{(n)}(x) = e^x$ となるので，$b = x, a = 0$ としたテイラーの公式 (3.27) は次のようになる．

$$e^x = 1 + x + \frac{x^2}{2} + \frac{x^3}{3!} + \cdots + \frac{x^{n-1}}{(n-1)!} + \frac{e^c}{n!} x^n \tag{3.32}$$

　任意の（固定された）実数 x について，$\displaystyle\lim_{n \to \infty} \frac{x^n}{n!} = 0$ が成り立つ[※2]．したがって，指数関数は無限級数

$$e^x = \sum_{n=0}^{\infty} \frac{x^n}{n!} = 1 + x + \frac{x^2}{2} + \frac{x^3}{3!} + \cdots + \frac{x^n}{n!} + \cdots \tag{3.33}$$

の形に展開される．これを**テイラー展開**（あるいは，**マクローリン展開**）という．具体的な収束の仕方は，例えば $x = 10$ のとき（$e^x = 22026.46\cdots$），次の図のようになる．

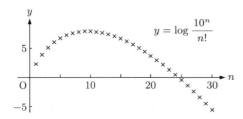
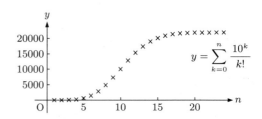

$f(x) = \sin x$ のとき，

$$f^{(n)}(x) = \begin{cases} \sin x & (n \equiv 0 \bmod 4) \\ \cos x & (n \equiv 1 \bmod 4) \\ -\sin x & (n \equiv 2 \bmod 4) \\ -\cos x & (n \equiv 3 \bmod 4) \end{cases} \tag{3.34}$$

が成り立つ．記号 "$n \equiv k \bmod 4$" は "n を 4 で割ると k 余る" という意味である．三角関数の性質

$$\sin\left(\theta + \frac{\pi}{2}\right) = \cos\theta, \qquad \sin\left(\theta + \frac{2\pi}{2}\right) = -\sin\theta$$

$$\sin\left(\theta + \frac{3\pi}{2}\right) = -\cos\theta, \qquad \sin\left(\theta + \frac{4\pi}{2}\right) = \sin\theta$$

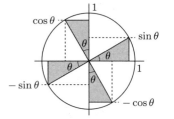

[※2] 自然数 k を $k > 2|x|$ にとると，$n > k$ のとき $|x^n/n!| < |x^k|/k! \cdot (1/2)^{n-k}$ が成り立ち，$n \to \infty$ のとき，$x^n/n! \to 0$ となることがいえる．

を用いると

$$f^{(n)}(x) = \sin\left(x + \frac{n\pi}{2}\right)$$

のように表すこともできる. このとき, $\cos 0 = 1$, $\sin 0 = 0$ と (3.34) の関係から

$$f^{(n)}(0) = \begin{cases} 0 & (n \text{ 偶数}) \\ 1 & (n = 1, 5, 9, \dots) \\ -1 & (n = 3, 7, 11, \dots) \end{cases}$$

となり, $\sin x$ は

$$\sin x = \sum_{k=0}^{\infty} \frac{(-1)^k}{(2k+1)!} x^{2k+1} = x - \frac{x^3}{3!} + \frac{x^5}{5!} - \frac{x^7}{7!} + \cdots \tag{3.35}$$

のように展開される.

同様に, $f(x) = \cos x$ のとき,

$$f^{(n)}(x) = \begin{cases} \cos x & (n \equiv 0 \bmod 4) \\ -\sin x & (n \equiv 1 \bmod 4) \\ -\cos x & (n \equiv 2 \bmod 4) \\ \sin x & (n \equiv 3 \bmod 4) \end{cases} \tag{3.36}$$

となることから,

$$f^{(n)}(0) = \begin{cases} 1 & (n = 0, 4, 8, \dots) \\ -1 & (n = 2, 6, 10, \dots) \\ 0 & (n \text{ 奇数}) \end{cases}$$

となり, $\cos x$ は

$$\cos x = \sum_{k=0}^{\infty} \frac{(-1)^k}{(2k)!} x^{2k} = 1 - \frac{x^2}{2} + \frac{x^4}{4!} - \frac{x^6}{6!} + \cdots \tag{3.37}$$

のように展開される.

証明 (**定理 3.1**) $n = 3$ の場合を示す (一般の n の場合も同様に示される). この場合, 証明すべき公式は

$$f(b) = f(a) + f'(a)(b-a) + \frac{f''(a)}{2}(b-a)^2 + \frac{f^{(3)}(c)}{3!}(b-a)^3 \quad (a < c < b) \tag{3.38}$$

である. K を

$$f(b) = f(a) + f'(a)(b-a) + \frac{f''(a)}{2}(b-a)^2 + \frac{K}{3!}(b-a)^3 \tag{3.39}$$

で定まる定数, すなわち,

$$K = \frac{6}{(b-a)^3}\left[f(b) - f(a) - f'(a)(b-a) - \frac{f''(a)}{2}(b-a)^2\right]$$

とし, 関数 $F(x)$ を

$$F(x) = f(x) + f'(x)(b-x) + \frac{f''(x)}{2}(b-x)^2 + \frac{K}{3!}(b-x)^3 \tag{3.40}$$

で定義する．この $F(x)$ は $[a, b]$ で連続，かつ (a, b) で微分可能であって，$F(a) = f(b) = F(b)$ を満たす．したがって，ロルの定理により，

$$F'(c) = 0 \ \ (a < c < b) \tag{3.41}$$

を満たす実数 c が存在する．一方，(3.40) を微分すると，

$$
\begin{aligned}
F'(x) &= f'(x) + f'(x) \cdot (-1) + f''(x)(b - x) \\
&\quad + \frac{f''(x)}{2} \cdot 2(b - x) \cdot (-1) + \frac{f^{(3)}(x)}{2}(b - x)^2 - \frac{K}{2}(b - x)^2 \\
&= \frac{1}{2}\Big(f^{(3)}(x) - K\Big)(b - x)^2 \tag{3.42}
\end{aligned}
$$

となることから，(3.41) は

$$K = f^{(3)}(c) \ \ (a < c < b) \tag{3.43}$$

と同値である．これを (3.39) に代入すると，(3.38) が得られる． ■証明終

問 題 3.3

問 1 関数 $f(x)$ について，$[a, b]$ で $f(x), f'(x)$ は連続であって，(a, b) で 2 回微分可能と仮定する．定数 K を

$$f(b) = f(a) + f'(a)(b - a) + \frac{K}{2}(b - a)^2 \tag{3.44}$$

により定め，関数 $F(x)$ を

$$F(x) = f(x) + f'(x)(b - x) + \frac{K}{2}(b - x)^2 \tag{3.45}$$

と定義する．

(1) 関数 $F(x)$ は $F(a) = F(b)$ を満たすことを示せ．

(2) $F'(x)$ を簡単にせよ．

(3) ロルの定理を用いて，ある $c \ (a < c < b)$ に対して，次式が成り立つことを示せ．

$$f(b) = f(a) + f'(a)(b - a) + \frac{f''(c)}{2}(b - a)^2 \tag{3.46}$$

問 2 $f(x) = (1 + x)^{\frac{1}{3}}$ とおく．

(1) $f'(x), f''(x)$ を求めよ．

(2) $x > 0$ とし，$a = 0$ の場合の公式 (3.28) を具体的に書け．

(3) **(2)** を用いて次の不等式を示せ．

$$x > 0 \text{ のとき} \ \ 1 + \frac{1}{3}x - \frac{1}{9}x^2 < (1 + x)^{\frac{1}{3}} < 1 + \frac{1}{3}x \tag{3.47}$$

(4) $\sqrt[3]{1.01}$ を小数点以下 4 桁めまで正しく求めよ．

ヒント **(3)** $c > 0$ のとき，$0 < (1 + c)^{-\frac{5}{3}} < 1$

問 3 (1) $f(x) = \log(1 + x)$ とするとき，$a = 0$ の場合の公式 (3.29) を具体的に書け．

(2) $g(x) = \dfrac{\log(1 + x)}{x} \ (x \neq 0)$ とする．$g(0)$ を適当に定めて，$g(x)$ が $x = 0$ で連続にな

るようにせよ. さらに, $g'(0) = \lim_{x \to 0} \dfrac{g(x) - g(0)}{x - 0}$ を求めよ.

(3) 極限値 $\lim_{x \to 0} \dfrac{(1+x)^{1/x} - e}{x}$ を求めよ.

ヒント (3) $(1+x)^{1/x} = \exp\left(\log(1+x)^{1/x}\right) = e^{g(x)}$ と表される.

問 4 $\arctan x$ は, $(\arctan x)' = \dfrac{1}{1+x^2}$ を満たし, $\arctan 0 = 0$ であることから, 次のように
表すことができる.

$$\arctan x = \int_0^x \frac{dt}{1+t^2} \tag{3.48}$$

(1) $|x| < 1$ とする. (3.48) の被積分関数を無限等比級数の和の公式でべき級数に展開す
ることにより, $\arctan x$ は次のように展開できることを示せ.

$$\arctan x = x - \frac{x^3}{3} + \frac{x^5}{5} - \cdots \left(= \sum_{k=0}^{\infty} (-1)^k \frac{x^{2k+1}}{2k+1} \right) \tag{3.49}$$

(2) (1) により, $\arctan x$ は $|x|$ が十分小さいとき, $\arctan x \fallingdotseq x - \dfrac{x^3}{3}$ と近似すること
ができる. この近似式と, オイラー (Euler, 1703-1783) による公式

$$\pi = 20 \arctan\left(\frac{1}{7}\right) + 8 \arctan\left(\frac{3}{79}\right) \tag{3.50}$$

を使って, π の近似値を求めよ. なお, 公式 (3.50) は $\tan$ の加法定理から導かれる.

第4章

積 分
―積分記号は和 sum の頭文字 S―

4.1 積分は和で定義する

4.1.1 面積で積分を定義する

高校の数学では，次のような流れで積分を説明することが多い．

「関数 $f(x)$ の不定積分（原始関数，微分して $f(x)$ となる関数）を $F(x)$ とし，定積分を

$$\int_a^b f(x)\,dx = F(b) - F(a) \tag{4.1}$$

で定めると，特に，$f(x) \geq 0 \ (a \leq x \leq b)$ の場合，定積分は，$y = f(x)$ と x 軸，2 直線 $x = a$，$x = b$ で囲まれた領域の面積を表す．」

説明の順番は

$$\boxed{\text{不定積分}} \longrightarrow \boxed{\text{定積分}} \longrightarrow \boxed{\text{面積}}$$

である．関数 $f(x)$ が，多項式，指数関数，対数関数，三角関数のように（簡単に）原始関数が求められる場合は，これでいいのだが，例えば，

$$f(x) = \frac{1}{\sqrt{2\pi}}\, e^{-\frac{x^2}{2}} \tag{4.2}$$

については，原始関数が求められない（原始関数が有理関数，指数関数，対数関数，三角関数，逆三角関数などで表されない）ため，こうしたやり方では議論が進められない．この関数の積分は，本書の最後**第5章5.2節**で重要な役割を果たす．

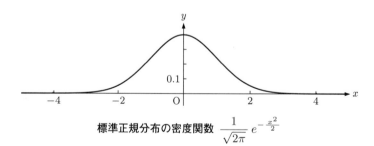

標準正規分布の密度関数 $\dfrac{1}{\sqrt{2\pi}}\, e^{-\frac{x^2}{2}}$

その他，

$$\frac{e^x}{x} \ , \quad \frac{1}{\log x} \ , \quad \sqrt{1 - k^2 \cos^2 x} \ , \quad \frac{1}{\sqrt{(1-x^2)(1-k^2x^2)}}$$

なども原始関数が求められないことが知られていて，積分の理論的な扱いをする際には

$$\boxed{\text{面積}} \longrightarrow \boxed{\text{定積分}} \longrightarrow \boxed{\text{不定積分}}$$

のような順序で議論を展開する．面積を用いて，定積分を定義し，積分の上端が不定な定積分で不定積分（原始関数）を定め，公式 (4.1) を定理として導出する．

注意 4.1 微分して $f(x)$ になる関数を $f(x)$ の**原始関数**という．導関数 (derivative) は「導かれた」関数なので，もとの関数を原始関数と呼ぼうということである．高校でも使われる言葉であるが，印象に残っていない学生が意外に多い．英語では，原始関数のことを "antiderivative"（反導関数）ともいう．こちらのほうが意味が把握しやすいかも知れない．

■ニュートンの面積関数■ $f(x)$ は区間 $[a, b]$ 上の連続関数であって，$f(x) \geq 0 \ (a \leq x \leq b)$ を満たすものとし，定積分 $\int_a^b f(x)\,dx$ を，$y = f(x)$ と x 軸，2 直線 $x = a$, $x = b$ で囲まれた領域の面積で "定義" する．下端 a を固定し，上端を $a \leq x \leq b$ の範囲で動かすと，$\int_a^x f(t)\,dt$ は，領域の "x 以下の部分" の面積となり，x の関数と考えられる．そこで，

$$S(x) = \int_a^x f(t)\,dt \tag{4.3}$$

と表し，**面積関数**と呼ぶ．面積関数は

$$S'(x) = f(x) \tag{4.4}$$

を満たす．すなわち，$f(x)$ の原始関数である．

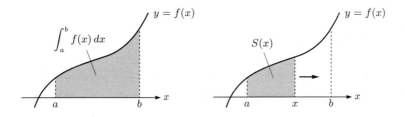

ニュートン (I. Newton, 1642-1727) は，公式 (4.4) を利用して，さまざまな曲線について，$S(x)$ を（なぜこんなにたくさん求めたのだろうと不思議に思うくらい）求めている．興味があれば

D. T. Whiteside (ed.), The Mathematical Works of Isaac Newton, Vol. 1, Johnson Reprint Corporation, New York and London, 1964

を見てみるとよい．

公式 (4.4) の "証明" 微分の定義により，(4.4) の左辺は

$$\lim_{h \to 0} \frac{S(x+h) - S(x)}{h} \tag{4.5}$$

と表され，$h > 0$ のとき，分子の $S(x+h) - S(x)$ は領域の "x 以上 $x+h$ 以下の部分" の面積

となる. $x \leq c \leq x+h$ を $f(c)h$ が, この面積に等しくなるようにとれば[※1],

$$\frac{S(x+h) - S(x)}{h} = f(c)$$

が成り立ち, $h \to 0$ のとき, $f(c) \to f(x)$ となることから, (4.5) の極限は $f(x)$ となる.

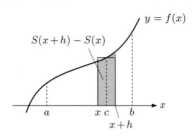

$h < 0$ の場合, $S(x+h) - S(x)$ は領域の "$x+h$ 以上 x 以下の部分" の面積にマイナスを付けたもの（-1 倍したもの）になる. 上と同様に, $S(x+h) - S(x) = hf(c)$ となる c（$x+h \leq c \leq x$）がとれるので（$h < 0$ に注意）, h で割って $h \to 0$ とすると, $f(x)$ となる. **証明終**

区間 $[a, b]$ 上で $f(x)$ が負の値をとる場合も, 十分大きな $k > 0$ をとって, $g(x) = f(x) + k \geq 0$ （$a \leq x \leq b$）となるようにすれば, 上のように面積を用いて, $\displaystyle\int_a^x g(t)\,dt$ が定義できるので,

$$\int_a^x f(t)\,dt = \int_a^x g(t)\,dt - k(x-a) \tag{4.6}$$

とおけば, $\displaystyle\frac{d}{dx}\int_a^x f(t)\,dt = \frac{d}{dx}\int_a^x g(t)\,dt - k = g(x) - k = f(x)$ となって,

$$\frac{d}{dx}\int_a^x f(t)\,dt = f(x) \tag{4.7}$$

が成り立つ. また, (4.6) は, 曲線 $y = f(x)$ と直線 $y = -k$ の間の領域の面積から, 高さ k, 幅 $x - a$ の長方形の面積を引いたものである. 曲線の $f(x) \geq 0$ の部分と x 軸とで囲まれた領域の面積から, x 軸と曲線の $f(x) \leq 0$ の部分で囲まれた領域の面積を引いたものになっていて, 定数 k の選び方にはよらない. 一般に, 積分は, 曲線 $y = f(x)$ と x 軸とで囲まれた領域の "符号付き面積"（$f(x) \geq 0$ の部分は面積はプラス, $f(x) \leq 0$ の部分の面積はマイナス）と考えられる.

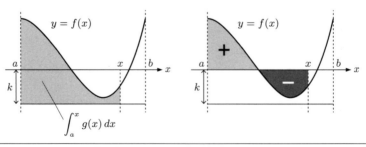

[※1] このような c がとれることは中間値の定理により示される. $f(x)$ が $[x, x+h]$ 上, $x = \alpha$ で最小値, $x = \beta$ で最大値をとるものとする. $f(\alpha) = f(\beta)$ ならば, $f(x)$ は $[x, x+h]$ 上で定数関数であることから, 任意の $c \in [x, x+h]$ について, $S(x+h) - S(h) = hf(c)$ が成り立つ. $f(\alpha) < f(\beta)$ ならば, $hf(\alpha) < S(x+h) - S(h) < hf(\beta)$ が成り立つ. 関数 $hf(x)$ に中間値の定理を適用して, $S(x+h) - S(h) = hf(c)$ 満たす $c \in [x, x+h]$ の存在がいえる.

本書では，$\displaystyle\int_a^x g(t)\,dt$ を積分の上端が不定である積分という意味で**不定積分**と呼ぶことにする．これは，高校の数学とは，言葉の使い方が違う．また，公式 (4.7) を**微分積分学の基本公式**と呼ぶことにする．これは，どちらかというと，「高校の数学寄り」である．多くの大学の教科書では，公式 (4.1) を微分積分学の基本公式（あるいは，基本定理）と呼んでいるが，微分と積分の関係を端的に示している点で，(4.7) のほうがわかりやすいと思われることから，こちらを基本公式と呼ぶことにする．

公式 (4.1) の "証明" 一般に，$F(x)$ を $f(x)$ の原始関数，すなわち，$F'(x) = f(x)$ を満たす関数とする．$g(x) = F(x) - \displaystyle\int_a^x f(t)\,dt$ とおくと，

$$g'(x) = F'(x) - \frac{d}{dx}\int_a^x f(t)\,dt = f(x) - f(x) = 0$$

となるので，平均値の定理により，$g(x)$ は定数である．したがって，$F(x)$ は $F(x) = \displaystyle\int_a^x f(t)\,dt + C$（$C$ は定数）のように表される．このとき，$\displaystyle\int_a^a f(x)\,dx = 0$（線分の面積は 0）となることから，

$$F(b) - F(a) = \left(\int_a^b f(x)\,dx + C\right) - \left(\int_a^a f(x)\,dx + C\right)$$

$$= \int_a^b f(x)\,dx + C - C = \int_a^b f(x)\,dx$$

となって，(4.1) が成り立つ． ∎ 証明終

4.1.2　和で面積を定義する

"符号付き面積" は，厳密には，以下のように定義される．以下，$f(x)$ を区間 $[a,\,b]$ 上の有界な（定数 M が存在して，$|f(x)| \leq M\ (a \leq x \leq b)$ が成り立つ）関数とする．

■リーマン和■ 区間 $[a,\,b]$ の分割

$$\Delta\ :\ a = x_0 < x_1 < \cdots < x_n = b$$

に対して，$d(\Delta) = \displaystyle\max_{1 \leq j \leq n}(x_j - x_{j-1})$ とおく．各区間 $[x_{j-1},\,x_j]$ に含まれる点 ξ_j（**代表点**）を選び，"高さ"$f(\xi_j)$，幅 $x_j - x_{j-1}$ の長方形の "面積"（$f(\xi) \geq 0$ ならば面積そのものであり，$f(\xi) \leq 0$ ならば面積にマイナスの符号を付けたもの）の総和

$$\sigma\big(\Delta,\,\{\xi_j\}\big) = \sum_{j=1}^n f(\xi_j)(x_j - x_{j-1}) \qquad (4.8)$$

を**リーマン和**と呼ぶ．

■積分可能性■ $d(\Delta) \to 0$ のとき，リーマン和 $\sigma\big(\Delta,\,\{\xi_j\}\big)$ が，分割 Δ にも代表点 ξ_j のとり方にもよらない一定値に収束するならば，$f(x)$ は**積分可能**（あるいは，**可積分**）であるという．

その極限値のことを $f(x)$ の $[a, b]$ 上での積分と呼び，$\displaystyle\int_a^b f(x)\,dx$ と表す．

定理 4.1　区間 $[a, b]$ 上の連続関数は積分可能である．

この定理の証明は，本書の想定するレベルをはるかに上回る．ここでは，定理の直観的な意味合いを述べておく．簡単のため，$f(x) \geq 0$ $(a \leq x \leq b)$ の場合を考えよう．各小区間 $[x_{j-1}, x_j]$ で，$f(x)$ が最小となる x を $x = \alpha_j$，最大となる x を $x = \beta_j$ とする．曲線 $y = f(x)$ と x 軸，2直線 $x = a$, $x = b$ とで囲まれた領域を D とすると，$\displaystyle\sum_{j=1}^n f(\alpha_j)(x_j - x_{j-1})$ は，<u>D に含まれる</u>

「小長方形からなるヒストグラム状の領域」（下図の斜線部分）の面積，$\displaystyle\sum_{j=1}^n f(\beta_j)(x_j - x_{j-1})$ は，

<u>D を含む</u>「小長方形からなるヒストグラム状の領域」（下図の薄い色の部分）の面積である．このとき，$\{\alpha_j\}$ も $\{\beta_j\}$ もリーマン和の代表点の1つであることから，**定理 4.1** により，$d(\Delta) \to 0$ のとき，2つの和は同一の値に収束する．領域 D に含まれる「小長方形からなる領域」の面積と領域 D を含む「小長方形からなる領域」の面積が細分化した極限で一致するので，D の面積が確定すると考える．面積に関する基本的な考え方で，ギリシア時代からある．

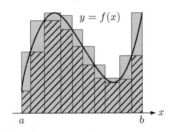

4.1.3　数値積分（積分をパソコンで計算しよう）

定積分 $I = \displaystyle\int_a^b f(x)\,dx$ は，一般には，近似計算でしか求められない．積分区間 $[a, b]$ を n 等分して得られる点を

$$x_j = a + jh, \quad h = \frac{b - a}{n} \quad (j = 0, 1, \ldots, n)$$

と表し，定積分 I を

$$I = h\sum_{j=1}^n \int_{x_{j-1}}^{x_j} f(x)\,dx \tag{4.9}$$

のような小区間の積分に分割する．

区分求積法では，小区間の積分 $\displaystyle\int_{x_{j-1}}^{x_j} f(x)\,dx$ を "長方形の面積" $hf(x_{j-1})$ で近似し，それらをすべて合わせた

$$S_n = hf(x_0) + hf(x_1) + \cdots + hf(x_{n-1}) = h\sum_{j=0}^{n-1} f(x_j) \tag{4.10}$$

で定積分 I を近似する．この和はリーマン和の特別な場合であり，$n \to \infty$ の極限が I を与える．ただし，この方法は「計算の効率」が悪いため，実用的な計算では用いられない．通常は，

$\displaystyle\int_{x_{j-1}}^{x_j} f(x)\,dx$ を "台形の面積" $\dfrac{h}{2}\Big(f(x_{j-1}) + f(x_j)\Big)$ で近似して

$$T_n = \frac{h}{2}\Big(f(x_0) + f(x_1)\Big) + \frac{h}{2}\Big(f(x_1) + f(x_2)\Big) + \cdots + \frac{h}{2}\Big(f(x_{n-1}) + f(x_n)\Big)$$

$$= \frac{h}{2}\,f(x_0) + h\sum_{j=1}^{n-1} f(x_j) + \frac{h}{2}\,f(x_n) \tag{4.11}$$

のような和で定積分を近似する．この近似公式を**台形則**という．

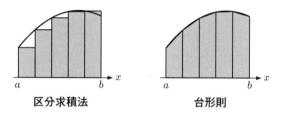

区分求積法　　　　　　　　台形則

例 4.1（数値例）$f(x) = \dfrac{1}{1+x}$, $a = 0$, $b = 1$ を考える．このとき，

$$I = \int_0^1 \frac{dx}{1+x} = \Big[\log(1+x)\Big]_0^1 = \log 2\ (= 0.69314718055995\cdots)$$

より，$I = \log 2$ である．区分求積法と台形則の特性を調べるため，積分区間の分割数 n を $n = 2, 4, 8, 16, 32$ のように変えて，2 つの方法を適用する．区分求積法 S_n，台形則 T_n で計算した結果と誤差（近似値と真値 $\log 2$ の差の絶対値）を示すと，次の表のようになる．区分求積法の場合，n を倍にすると，誤差がほぼ半分になるのに対して，台形則の場合，ほぼ 1/4 に減少している．結果的に，台形則のほうが，誤差がはるかに小さくなっている．

表 4.1　区分求積法と台形則の誤差

n	2	4	8	16	32
S_n	0.833333	0.759524	0.725372	0.709016	0.701021
$|S_n - \log 2|$	0.140186	0.066377	0.032225	0.015869	0.007874
T_n	0.708333	0.697024	0.694122	0.693391	0.693208
$|T_n - \log 2|$	0.015186	0.003877	0.000975	0.000244	0.000061

　参考までに，台形則の場合の C 言語によるプログラム例を示す．分割数 n を入力して，積分の近似値（変数を sbn と表している．sekibun である．）を出力するようになっていて，例えば，$n = 8$ の入力に対して，sbn $= 0.694122$ の出力が得られる．

```c
#include <stdio.h>
#include <math.h>

double f(double x)
{
    return 1.0/(1.0 + x);
}

int main()
{
    double a, b, h, sbn;
    int n, j;

    printf("n = ");
    scanf("%\d", &n);

    a = 0.0;
    b = 1.0;
    h = (b - a)/n;
    sbn = 0.0;
    for (j = 1; j < n; j++)
    {
        sbn = sbn + f(a + j*h);
    }
    sbn = h*sbn + 0.5*h*(f(a) + f(b));
    printf("sbn = %f\n", sbn);
    return 0;
}
```

　区分求積分法と台形則について，それぞれ，次のような誤差評価式が成り立つ．関数 $f(x)$ が $[a, b]$ 上 C^1 級（$[a, b]$ 上連続で，連続な $f'(x)$ が存在）ならば，

$$|S_n - I| \leq \frac{h(b-a)}{2} \max_{a \leq x \leq b} |f'(x)| \tag{4.12}$$

が成り立ち，$f(x)$ が $[a, b]$ 上 C^2 級（$[a, b]$ 上連続で，連続な $f'(x)$, $f''(x)$ が存在）ならば，

$$|T_n - I| \leq \frac{h^2(b-a)}{12} \max_{a \leq x \leq b} |f''(x)| \tag{4.13}$$

が成り立つ．誤差評価式は，誤差がある値より小さいといっているに過ぎないが，多くの数値実験で，区分求積分法の誤差は，ほぼ h に比例し，台形則の誤差は，ほぼ h^2 に比例することが観察される．誤差評価式 (4.12), (4.13) の証明は，専門的になりすぎると思われるので，練習問題（以下の**問題 4, 5**）とその応用の形で紹介する．

問1 定積分 $I = \displaystyle\int_0^1 f(x)\,dx$ に対する区分求積法は，$I = \displaystyle\lim_{n\to\infty} \frac{1}{n} \sum_{j=0}^{n-1} f\left(\frac{j}{n}\right)$ のように表される．これを用いて，次の定積分を計算せよ．

(1) $I = \displaystyle\int_0^1 x^2\,dx$ **(2)** $I = \displaystyle\int_0^1 e^x\,dx$

ヒント **(1)** $\displaystyle\sum_{j=1}^{n-1} j^2 = \frac{1}{6}\,(n-1)n(2n-1)$ **(2)** $\displaystyle\sum_{j=0}^{n-1} r^j = \frac{r^n - 1}{r - 1}$, $\displaystyle\lim_{h\to 0}\frac{e^h - 1}{h} = 1$

問2 次の関数の導関数 $f'(x)$ を求めよ．

(1) $f(x) = \displaystyle\int_0^x e^{-t^2}\,dt$ **(2)** $f(x) = \displaystyle\int_0^x (x-t)e^t\,dt$ **(3)** $f(x) = \displaystyle\int_0^{3x} \sqrt{t}\,dt$

問3 任意の実数 x に対して，$\displaystyle\int_\pi^x f(t)\,dt = \cos^3 x + a$ （a は定数）が成り立つとき，$f(x)$ と a を求めよ．

問4 関数 $f(x)$ は $[a, b]$ で連続，(a, b) で微分可能とする．$a < c < b$ を満たす実数 c が存在して，

$$\int_a^b f(t)\,dt - (b-a)f(a) = \frac{f'(c)}{2}\,(b-a)^2 \tag{4.14}$$

が成り立つことを示せ．

注意 よくある誤答は，平均値の定理の式 $f(t) = f(a) + f'(c)(t-a)$ を $t = a$ から $t = b$ まで積分するというものである．この場合の c は t の関数 $c = c(t)$ なので，<u>$f'(c)$ を積分の外に出せない</u>．

問5 関数 $f(x)$ は $[a, b]$ 上 C^1 級であって，(a, b) 上 2 回微分可能であるとする．定数 K を

$$\int_a^b f(t)\,dt - \frac{b-a}{2}\Big(f(a) + f(b)\Big) = -K\,(b-a)^3 \tag{4.15}$$

で定め（左辺を $-(b-a)^3$ で割ったものを K とする），

$$F(x) = \int_x^b f(t)\,dt - \frac{b-x}{2}\Big(f(x) + f(b)\Big) + K\,(b-x)^3 \tag{4.16}$$

とおく．

(1) ある $c\ (a < c < b)$ が存在して，$F'(c) = 0$ が成り立つことを示せ．

(2) $F'(x)$ を求めよ．

(3) ある $\overset{\text{クシイ}}{\xi}\ (c < \xi < b)$ が存在して，$F''(\xi) = 0$ が成り立つことを示せ

(4) **(3)** の ξ に対して，次の式が成り立つことを示せ．

$$\int_a^b f(t)\,dt - \frac{b-a}{2}\Big(f(a) + f(b)\Big) = -\frac{f''(\xi)}{12}\,(b-a)^3 \tag{4.17}$$

区分求積法と台形則の誤差評価式 (4.12), (4.13) の証明

公式 (4.14) を $a = x_j$, $b = x_{j+1}$ として適用すると,

$$\int_{x_j}^{x_{j+1}} f(x)\,dx - hf(x_j) = \frac{f'(c_j)}{2}\,h^2 \quad (x_j < c_j < x_{j+1})$$

となることから, 区分求積法の誤差は

$$|S_n - I| \leq \sum_{j=0}^{n-1} \left| \int_{x_j}^{x_{j+1}} f(x)\,dx - hf(x_j) \right|$$

$$= \frac{h^2}{2} \sum_{j=0}^{n-1} |f'(c_j)| \ \leq \ \frac{h^2}{2} \cdot n \cdot \max_{a \leq x \leq b} |f'(x)|$$

$$= \frac{h(b-a)}{2} \max_{a \leq x \leq b} |f'(x)| \quad \left(\because h = \frac{b-a}{n} \right)$$

のように評価される.

また, 公式 (4.17) を $a = x_j$, $b = x_{j+1}$ として適用すると,

$$\int_{x_j}^{x_{j+1}} f(x)\,dx - \frac{h}{2}\Big(f(x_j) + f(x_{j+1}) \Big) = -\frac{f''(\xi_j)}{12}\,h^3 \quad (x_j < \xi_j < x_{j+1})$$

となることから, 台形則の誤差は

$$|T_n - I| \leq \sum_{j=0}^{n-1} \left| \int_{x_j}^{x_{j+1}} f(x)\,dx - \frac{h}{2}\Big(f(x_j) + f(x_{j+1}) \Big) \right|$$

$$= \frac{h^3}{12} \sum_{j=0}^{n-1} |f''(\xi_j)| \ \leq \ \frac{h^3}{12} \cdot n \cdot \max_{a \leq x \leq b} |f''(x)|$$

$$= \frac{h^2(b-a)}{12} \max_{a \leq x \leq b} |f''(x)| \quad \left(\because h = \frac{b-a}{n} \right)$$

のように評価される. 　　　　　　　　　　　　　　　　　　　　　　■証明終

4.2 部分積分と置換積分

関数 $f(x)$ の任意の原始関数は，1つの原始関数，例えば，不定積分を用いて

$$F(x) = \int_a^x f(t)\,dt + C \quad (C \text{ は定数}) \tag{4.18}$$

の形に表される．高校の数学では，この"一般的な"原始関数のことを不定積分と呼び，

$$\int f(x)\,dx = \int_a^x f(t)\,dt + C$$

と表す．つまり，高校でいう不定積分は任意定数を含む「不定な」原始関数である．関数のことをいっているのか，関数の集合のことをいっているのか，よくわからないところがあるので，使用には注意が必要である．

4.2.1 コーシーによるテイラーの公式の証明

関数の積の微分の公式

$$\Big(u(x)\,v(x)\Big)' = u'(x)v(x) + u(x)v'(x)$$

を $u'(x)v(x) = \Big(u(x)\,v(x)\Big)' - u(x)v'(x)$ のように変形して，a から b まで積分すると，**部分積分** (integral by part) の公式

$$\int_a^b u'(x)\,v(x)\,dx = \Big[u(x)\,v(x)\Big]_a^b - \int_a^b u(x)\,v'(x)\,dx \tag{4.19}$$

が得られる．

以下，部分積分の公式の応用例として，テイラーの公式の「別証明」を紹介する．コーシー (A. L. Cauchy, 1789-1857) によるもので，**第3章3.3節**で紹介したものより古い（1823年）．簡単のため，$f(x)$ は，区間 $[a,\,b]$ を含むある区間内で，何回でも微分できるものとする．基本的な公式（多くの大学の教科書でいうところの「微分積分学の基本定理」）

$$f(b) = f(a) + \int_a^b f'(x)\,dx \tag{4.20}$$

からスタートして，右辺の積分を，部分積分の公式 (4.19) を用いて変形する．具体的には，$u(x) = -(b-x)$，$v(x) = f'(x)$ とおいて，

$$\begin{aligned}
\int_a^b f'(x)\,dx &= \int_a^b \Big[-(b-x)\Big]' f'(x)\,dx \\
&= \Big[-(b-x)f'(x)\Big]_a^b - \int_a^b \Big[-(b-x)\Big]f''(x)\,dx \\
&= (b-a)f'(a) + \int_a^b (b-x)f''(x)\,dx
\end{aligned}$$

のように変形すると，(4.20) は次のように書き直される．

$$f(b) = f(a) + f'(a)(b-a) + \int_a^b (b-x)f''(x)\,dx \tag{4.21}$$

この積分を さらに，$u(x) = -\dfrac{(b-x)^2}{2}$，$v(x) = f''(x)$ とおいて変形する．

$$\int_a^b (b-x)f''(x)\,dx = \int_a^b \left[-\frac{(b-x)^2}{2}\right]' f''(x)\,dx$$

$$= \left[-\frac{(b-x)^2}{2}\,f''(x)\right]_a^b - \int_a^b \left[-\frac{(b-x)^2}{2}\right]f'''(x)\,dx$$

$$= \frac{(b-a)^2}{2}\,f''(a) + \int_a^b \frac{(b-x)^2}{2}\,f'''(x)\,dx$$

となり，(4.21) は次のように書き直される．

$$f(b) = f(a) + f'(a)(b-a) + \frac{f''(a)}{2}\,(b-a)^2 + \int_a^b \frac{(b-x)^2}{2}\,f'''(x)\,dx$$

一般に，自然数 n について，次が成り立つ（$0! = 1$ に注意）．

$$f(b) = \sum_{m=0}^{n-1} \frac{f^{(m)}(a)}{m!}\,(b-a)^m + \int_a^b \frac{(b-x)^{n-1}}{(n-1)!}\,f^{(n)}(x)\,dx \tag{4.22}$$

4.2.2 みんながつまずく置換積分

「みんな」は言い過ぎかも知れないが，苦手とする学生の多い合成関数の微分公式に基づく積分法である．つまずきの 1 つの原因は，記号のわかりにくさにあるのではないかと思う．$F(x)$ を $f(x)$ の原始関数とし，x は微分可能な t の関数 $g(t)$ を用いて，$x = g(t)$ のように表されているとする．合成関数の微分公式により

$$\frac{d}{dt}F\big(g(t)\big) = F'\big(g(t)\big)\,g'(t) = f\big(g(t)\big)\,g'(t) \tag{4.23}$$

が成り立つ．ここで，F' のダッシュは x での微分，g' のダッシュは t での微分を表している．この式は，$F\big(g(t)\big)$ が $f\big(g(t)\big)\,g'(t)$ の原始関数であることを示していて，通常，この関係を

$$\int f(x)\,dx = \int f\big(g(t)\big)\,g'(t)\,dt \quad \Big(x = g(t)\Big) \tag{4.24}$$

のように表す．原始関数 F を使って書くと，$F(x) = F\big(g(t)\big)\ \Big(x = g(t)\Big)$ である．確かに正しい式ではあるが，「x の関数と t の関数が等しい」という書き方に違和感はないだろうか．

また，計算法としては，「右辺を用いて左辺を求める」と，逆に「左辺を用いて右辺を求める」の 2 つの型があり，このこともわかりにくさに拍車をかけているようである．以下，順に，この 2 つの型について説明する．

▌変数変換型▐　「右辺を用いて左辺を求める」場合，最終的には，t の関数を x の関数に直す必要があるため，$x = g(t)$ は t の適当な区間上で単調であって（したがって，単射を定めることから逆関数が存在して），その区間上の t は $t = g^{-1}(x)$ と表されるものとする．例えば，置換 $x = a\sin t$（a は正の定数）の場合，t は $-\pi/2 \le t \le \pi/2$ の範囲にとって，$t = \arcsin(x/a)$ と表されるようにする．

関数 $\widehat{f}(t) = f\big(g(t)\big)\,g'(t)$ の原始関数 $\widehat{F}(t)$ が何らかの方法で求められたとすると，(4.23) により，$F\big(g(t)\big)$ も $\widehat{f}(t)$ の原始関数であることから，

$$F\big(g(t)\big) = \widehat{F}(t) + C \quad （C は定数） \tag{4.25}$$

が成り立つ．この式に $t = g^{-1}(x)$ を代入すると，$g\big(g^{-1}(x)\big) = x$ より，

$$F(x) = \widehat{F}\big(g^{-1}(x)\big) + C \tag{4.26}$$

となって，$F(x)$ が求められる．

この型の難しいところは，与えられた $f(x)$ に対して，$\widehat{f}(t) = f\big(g(t)\big) g'(t)$ の原始関数がうまく求められるような $g(t)$ を見つけることにある．「うまい $g(t)$ の求め方」は，一般には，それほど重要ではないと思われるので，$g(t)$ の与えられた例題で，計算法を示しておく．

例題 4.1　$f(x) = \dfrac{x}{\sqrt{1-x}}$ $(x < 1)$ に対して，$g(t) = 1 - t^2$ とおき，x を $x = g(t)$ $(t > 0)$ と表すとき，以下の問いに答えよ．

(1) $\widehat{f}(t) = f\big(g(t)\big) g'(t)$ を求めよ．

(2) $\widehat{f}(t)$ の原始関数を求めよ．

(3) $x = g^{-1}(t)$ の関係から，$f(x)$ の原始関数 $F(x)$ を求め，$F'(x) = f(x)$ となることを実際に微分して確認せよ．

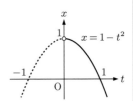

解　**(1)** $g'(t) = -2t$ より

$$\widehat{f}(t) = f\big(g(t)\big) g'(t) = \frac{1-t^2}{\sqrt{1-(1-t^2)}} \cdot (-2t)$$

$$= \frac{1-t^2}{\sqrt{t^2}} \cdot (-2t) = \frac{1-t^2}{t} \cdot (-2t) = 2t^2 - 2$$

(2) $\widehat{F}(t) = \dfrac{2}{3} t^3 - 2t$　**(3)** $x = 1 - t^2$ $(t > 0)$ より $t = \sqrt{1-x}$ となり

$$F(x) = \widehat{F}\big(\sqrt{1-x}\big) = \frac{2}{3}\big(\sqrt{1-x}\big)^3 - 2\sqrt{1-x}$$

$$= -\frac{2}{3}(x+2)\sqrt{1-x}$$

この $F(x)$ を微分すると，

$$F'(x) = -\frac{2}{3}\left(1 \cdot \sqrt{1-x} + (x+2)\frac{1}{2\sqrt{1-x}} \cdot (-1)\right)$$

$$= -\frac{2}{3} \cdot \frac{2(1-x) - (x+2)}{2\sqrt{1-x}} = -\frac{2}{3} \cdot \frac{-3x}{2\sqrt{1-x}} = \frac{x}{\sqrt{1-x}}$$

となり，確かに $f(x) = \dfrac{x}{\sqrt{1-x}}$ の原始関数となっている．

■**そのまんま型**■　「左辺を用いて右辺を求める」については，(4.24) の t を x に，x を u に書き直し，さらに，左辺と右辺を入れ替えた

$$\int f\big(g(x)\big) g'(x)\,dx = \int f(u)\,du \quad \big(u = g(x)\big) \tag{4.27}$$

の式で表すことが多い．この場合は，もとの変数 x に関する合成関数の微分公式を用いるだけな

ので，$u = g(x)$ のような新たな変数を考えなくてもよい．逆関数は必要ないので，$g(x)$ は単に微分可能であればよく，公式も

$$\int f\big(g(x)\big)\, g'(x)\, dx = F\big(g(x)\big) + C \quad \Big(F'(x) = f(x)\Big) \tag{4.28}$$

と書いたほうがわかりやすいだろう．「変数変換しなくてもよい」という意味から**「そのまんま型」**と呼ぶことにする．

　与えられた関数が $f\big(g(x)\big)\, g'(x)$ と表されるような $g(x)$ と $f(x)$ を（もしあれば）求めることが問題となる．例えば，$x\sqrt{x^2+1}$ については，$(x^2+1)' = 2x$ に注意して，

$$x\sqrt{x^2+1} = \frac{1}{2}\sqrt{x^2+1}\cdot(2x) = \frac{1}{2}\sqrt{x^2+1}\cdot(x^2+1)'$$

と書き直すと，$g(x) = x^2+1,\ f(x) = \dfrac{1}{2}\sqrt{x}$ について，$f\big(g(x)\big)\, g'(x) = x\sqrt{x^2+1}$ が成り立つ．$f(x)$ の原始関数が $\dfrac{1/2}{1/2+1}\, x^{1/2+1} = \dfrac{1}{3}\, x^{3/2}$ で与えられることから，

$$\int x\sqrt{x^2+1}\, dx = \frac{1}{3}\,(x^2+1)^{3/2} + C$$

となる．

例題 4.2　以下の関数の原始関数を**ちゃっちゃと**求めや．

(1) $\sin x\cos x$ 　　　　**(2)** $\dfrac{(\log x)^2}{x}$ 　　　　**(3)** $e^x\sqrt{e^x+1}$

解 **(1)** $\dfrac{1}{2}\sin^2 x$ 　　　**(2)** $\dfrac{1}{3}\big(\log x\big)^3$ 　　　**(3)** $\dfrac{2}{3}\big(e^x+1\big)^{3/2}$

問 題 4.2

問 1　次の関数の原始関数を求めよ．

(1) $x\sin(x^2+1)$ 　　　　**(2)** $\dfrac{\cos x}{\sqrt{\sin x+2}}$ 　　　　**(3)** $x\cos(3x)$

(4) $\log x$ 　　　　**(5)** $\arcsin x$ 　　　　**(6)** $\arctan x$

　ヒント　**(4), (5), (6)** は同じ方法で計算する．

問 2　関数 $f(x)$ は実数全体で微分可能であって，

$$f(x)f'(x) = e^{2x} - e^{-2x}, \quad f(0) = 2 \tag{4.29}$$

を満たすものとする．このとき，$f(x)$ を求めよ．

　ヒント　$f(x)$ は実数全体で連続な関数となる．

問 3　例題 4.1 の関数 $f(x) = \dfrac{x}{\sqrt{1-x}}$ と置換 $x = 1-t^2\ (t>0)$ を考える．$t = 0$ のとき $x=1$，$t=1$ のとき $x=0$ であることから，定積分を

x	$0 \to 1$
t	$1 \to 0$

$$\int_0^1 f(x)\, dx = \int_1^0 (2t^2 - 2)\, dt = \left[\frac{2t^3}{3} - 2t\right]_1^0 = \frac{4}{3} \tag{4.30}$$

のように計算した．この計算は正しいか．誤りがあるならば，誤りを指摘して訂正せよ．

問 4 (**物理に現れる計算**) 関数 $a(t)$ $(0 \le t \le 3)$ が次の (4.31) 式で与えられるとき，$0 \le t \le 3$ に対して，$v(t) = \int_0^t a(s)\,ds$, $x(t) = \int_0^t v(s)\,ds$ を求めて，グラフ（v-t グラフと x-t グラフ）を描け．

$$a(t) = \begin{cases} 1 & (0 \le t \le 1) \\ 0 & (1 < t \le 2) \\ -1 & (2 < t \le 3) \end{cases} \qquad (4.31)$$

ヒント 上の $a(t)$ のように区分的に（t の範囲の場合分けで）定義された関数の積分は，区間に分けて計算する．例えば，$0 \le t \le 1$ のとき $v(t) = \int_0^t a(s)\,ds$, $1 < t \le 2$ のとき $v(t) = \int_0^1 a(s)\,ds + \int_1^t a(s)\,ds = v(1) + \int_1^t a(s)\,ds$, $2 < t \le 3$ のとき $v(t) = \int_0^2 a(s)\,ds + \int_2^t a(s)\,ds = v(2) + \int_2^t a(s)\,ds$ と計算して，最終的な結果は (4.31) のような形にまとめる．

問 5 (韓国 2011 学年度 大学修学能力試験[※2]) 実数全体の集合で微分可能な関数 $f(x)$ がある．すべての実数 x に対して，$f(2x) = 2f(x)f'(x)$ が成り立ち，定数 a, k $(a > 0, \ 0 < k < 1)$ について，

$$f(a) = 0, \qquad \int_{2a}^{4a} \frac{f(x)}{x}\,dx = k$$

が成り立つとき，$\int_a^{2a} \frac{\{f(x)\}^2}{x^2}\,dx$ を k で表したものを選べ（理由も述べること）．

① $\dfrac{k^2}{4}$　　② $\dfrac{k^2}{2}$　　③ k^2　　④ k　　⑤ $2k$

ヒント $\left(-\dfrac{1}{x}\right)' = \dfrac{1}{x^2}$. また，$\int_a^{2a} g(2x)\,dx = \int_{2a}^{4a} g(y) \cdot \dfrac{dy}{2}$

[※2] 韓国の全国共通で行われる大学入学のための試験である．日本と違い，大学ごとの学力試験が行われないこともあって，難問も含まれる．

4.3　微分方程式

　関数を未知変数とし，関数の微分を含む方程式を**微分方程式** (differential equation) という．微分方程式は，現象を数理的に捉えるための基本的なモデルとして自然科学や社会科学のさまざまな分野で用いられている．**第 2 章 2.1 節**で紹介したニュートンの運動方程式がその典型である．

　例えば，ガリレイの落体の法則「物体が自由落下するときの速度は，時間に比例して増大し，その増大の割合（比例定数）は物体の質量にはよらない．」の場合，鉛直上向きに x 軸をとるとき，物体の位置座標 $x = x(t)$ は，

$$x''(t) = -g　（g：重力加速度） \tag{4.32}$$

で表される．この式を積分して，

$$x'(t) = v_0 - gt \tag{4.33}$$

さらに，積分して，

$$x(t) = x_0 + v_0 t - \frac{1}{2} gt^2 \tag{4.34}$$

が得られる．ここで，v_0 は時刻 $t = 0$ での速度，x_0 は $t = 0$ での位置である．高校の物理では，次のような図を使って，この関係を説明している．速度の関数 $v = v_0 - gt$ と t 軸とで挟まれた $[0, t]$ の部分の "面積"（t 軸の下の部分では負となる "符号付き面積"）が位置 x の初期位置 x_0 からの変位になるというものである．

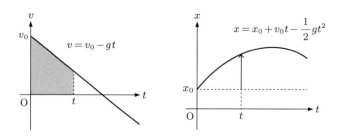

　このように微分方程式を満たす関数（微分方程式の解）を求めることを「微分方程式を解く」という．ここでは，簡単な微分方程式の解き方を紹介する．1980 年代まで，高校の数学で教えられていた内容である．

4.3.1　変数分離形の微分方程式

　x を実数 t の関数 $x = x(t)$ とする．$x(t)$ を未知変数とする微分方程式の「1 つの一般形」は

$$x'(t) = f\big(t, x(t)\big) \tag{4.35}$$

のようになる．ここで，$x'(t)$ は $x(t)$ の導関数，$f(t, x)$ は与えられた（2 変数 t, x の）関数である．慣習により，(4.35) を

$$\frac{dx}{dt} = f(t, x) \tag{4.36}$$

と表すことが多い．右辺の x も（$x(t)$ の「(t)」を省略して書いてあるだけで）あくまで t の関数である．

■**変数分離形**■　関数 $f(t, x)$ が t の関数 $f(t)$ と x の関数 $g(x)$ の積で表される

$$\frac{dx}{dt} = f(t)\,g(x) \tag{4.37}$$

のような形の微分方程式を**変数分離形の方程式**と呼ぶ．変数分離形の方程式は，以下のようにして解くことができる．

x が t の関数であることを明示して書くと，$x'(t) = f(t)\,g\big(x(t)\big)$ となり，両辺を $g\big(x(t)\big)$ で割って

$$\frac{1}{g\big(x(t)\big)}\,x'(t) = f(t)$$

を得る．変数が変わっていて，わかりにくいかも知れないが，左辺は「そのまんま型」の置換積分で原始関数が求められる形をしている．そこで，$G(x)$ を $\dfrac{1}{g(x)}$ の原始関数，すなわち，$G'(x) = \dfrac{1}{g(x)}$ を満たす関数とすると，合成関数の微分公式より

$$\frac{d}{dt}\,G\big(x(t)\big) = G'\big(x(t)\big)\,x'(t) = \frac{1}{g\big(x(t)\big)}\,x'(t) = f(t)$$

が成り立つ．これは，$G\big(x(t)\big)$ が $f(t)$ の（1つの）原始関数であることを示している．したがって，$F(t)$ を $f(t)$ の原始関数とするとき，

$$G\big(x(t)\big) = F(t) + C \quad（C は定数） \tag{4.38}$$

が成り立つ．

以上は「合成関数の微分公式までさかのぼった説明」である．計算に便利なように，もう少し簡易的に述べると，次のようになる．変数分離形の方程式 (4.37) の両辺を $g(x)$ で割り，t で積分すると，置換積分により，

$$\int \frac{1}{g(x)}\frac{dx}{dt}\,dt = \int f(t)\,dt \quad\Longrightarrow\quad \int \frac{dx}{g(x)} = \int f(t)\,dt \tag{4.39}$$

となって，x と t の関係式が得られる．得られる解は任意定数 C を含み，こうした任意定数を含む形の解は**一般解**と呼ばれている．

例題 4.3　微分方程式

$$\frac{dx}{dt} = (\cos t)\,x \tag{4.40}$$

の一般解を求めよ．

解　両辺を x で割ると，$\dfrac{1}{x}\dfrac{dx}{dt} = \cos t$ となり，両辺を t で積分すると，置換積分により，

$$\int \frac{1}{x}\frac{dx}{dt}\,dt = \int \cos t\,dt \quad\Longrightarrow\quad \int \frac{dx}{x} = \int \cos t\,dt$$

となって,

$$\log |x| \;=\; \sin t + C \quad (C \text{ は積分定数}) \tag{4.41}$$

が得られる[※3].

　さらに, $e^{\log |x|} = |x|$ となることから, (4.41) より, $|x| = e^{\sin t + C} = e^{\sin t} e^{C} \implies$ $x = \pm e^{C} e^{\sin t}$ が得られ, 定数 $\pm e^{C}$ をあらためて C と書くことにより, (4.40) の一般解

$$x(t) \;=\; C e^{\sin t} \quad (C \text{ は任意定数}) \tag{4.42}$$

が得られる[※4].

　例題の解答は以上で終わりであるが, 念のため, (4.42) の関数が (4.40) を満たすことを確認 (検算) しておく.

$$x'(t) - (\cos t)\, x(t) = C e^{\sin t} \cdot \cos t - \cos t \cdot C e^{\sin t} = 0 \tag{4.43}$$

　図形的には, 一般解 (4.42) は tx 平面内の曲線群を表している. 任意定数 C の値を特定すると, 1 つの曲線が定まる. 一般解の任意定数を, 例えば, $x(0)$ の値を与えるなどして, 特定の値に定めた解のことを**特殊解**という. なお, 高校の数学の不定積分 $\displaystyle \int f(x)\, dx$ は, 微分方程式 $\dfrac{dy}{dx} = f(x)$ の一般解と解釈できる.

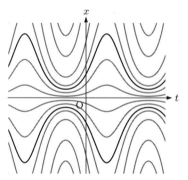

例題 4.3 の方程式の解曲線群 $C e^{\sin t}$

4.3.2　終戦直後から高校の教科書にあった応用例

　1980 年代まで「変数分離形の方程式の解法」は高校数学の内容であった. それは, 終戦直後の新制高校設立時まで (実は戦時中まで) さかのぼることができる. 高校の教科書では, 次のような例題が, 終戦直後から紹介され続けていた. 戦前の理科教育では, 「水に関する問題」が現在よりも重視されていた名残ではないかと思われる.

[※3] この部分をていねいに述べると, 次のようになる. 両辺を t で積分すると, $\log |x| + C_1 = \sin t + C_2$ のように左辺と右辺それぞれに積分定数 C_1, C_2 が付くことになるが, 積分定数は任意定数なので, C_1 を右辺に移項し, $C = C_2 - C_1$ にまとめてしまうことができる.

[※4] この最後部分もていねいに述べると, 次のようになる. (4.41) の積分定数 C がどのような値をとっても $\pm e^{C}$ が 0 になることはないが, $x(t) = 0$ (恒等的に 0 という関数) も, $\dfrac{dx}{dt} = 0 = (\cos t)x$ より, (4.40) の解となるので, (4.42) の C は 0 も含んだ任意定数としてよい.

例題 4.4　円筒形の水槽の底に小さな穴があり，水が流出している．水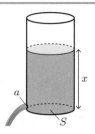
の深さが x のとき，穴から出る水の速さは $\sqrt{2gx}$ である（トリチェ
リー の定理 と呼ばれる．g は重力加速度）として，水が流出し始めて
から全部流出しおわるまでの時間を求めよ．ただし，水槽の水平断面積
を S，穴の面積を a，はじめの水の深さを x_0 とする．

解　水が流出し始めた時刻を 0 として，時刻 t における容器内の水の体積を V，水の深さ
を x とする．$V = Sx$ とトリチェリーの定理

$$\frac{dV}{dt} = -a\sqrt{2gx} \tag{4.44}$$

から V を消去すると，x に関する

$$\frac{dx}{dt} = -\frac{a\sqrt{2g}}{S}\sqrt{x} \tag{4.45}$$

の微分方程式が得られる．

　簡単のため，$\beta = \dfrac{a\sqrt{2g}}{S}$ とおくと，(4.45) は $\dfrac{dx}{dt} = -\beta\sqrt{x}$ と表され，両辺を $\sqrt{x}$ で
割って，

$$\frac{1}{\sqrt{x}}\frac{dx}{dt} = -\beta \tag{4.46}$$

が得られる．関数 $\dfrac{1}{\sqrt{x}}$ の（1 つの）原始関数は

$$\int \frac{dx}{\sqrt{x}} = \int x^{-1/2}\,dx = \frac{1}{1/2}x^{1/2} = 2\sqrt{x} \tag{4.47}$$

となることから，(4.46) の両辺を t で積分して，$2\sqrt{x(t)} = -\beta t + C$（$C$ は積分定数）が得
られる．このとき，$x(0) = x_0$ の条件から，C は $C = 2\sqrt{x_0}$ と定められる．

　以上により，$x(0) = x_0$ を満たす (4.45) の解は

$$x(t) = \left(\sqrt{x_0} - \frac{\beta}{2}t\right)^2 = \left(\sqrt{x_0} - \frac{a\sqrt{2g}}{2S}t\right)^2 \tag{4.48}$$

となり，$x(T) = 0$ となる時刻 T は次式で与えられる．

$$T = \frac{2\sqrt{x_0}}{\beta} = \frac{S\sqrt{2x_0}}{a\sqrt{g}} \tag{4.49}$$

■**物理実験**■　円筒形のペットボトルの下部に穴をあけ，穴の位置からの高さを示す目盛りを付け，
はじめに高さ（深さ）11 cm まで入れた水を流出させる．次の表は，水面の高さが 10 cm, 9 cm, ...
となる時間をストップウォッチで測定した結果である．授業時間中に，学生に手伝ってもらって
測定した．

表 4.2　例題 4.4 の実験結果（2009 年 10 月 13 日測定）

x [cm]	11	10	9	8	7	6	5	4	3	2
t [s]	0	15	27	43	59	75	91	110	135	166
$\sqrt{x}$	3.32	3.16	3.00	2.83	2.65	2.45	2.24	2.00	1.73	1.41

　例題 4.4 の解答から，高さ x [cm] に対して，$\sqrt{x}$ は時刻 t [s] の 1 次式になることが予想される．実際に，横軸を t，縦軸を $\sqrt{x}$ にとって，データをプロットすると，次の右図のようになる．バツ印がデータを表し，直線は，回帰直線 $\sqrt{x} = 3.324 - 0.0117t$ を示している．切片が $\sqrt{x_0} = 3.32$ とは若干ずれているが，決定係数は $R^2 = 0.9991$ で，データがかなり直線に近いことがわかる．簡単にできる実験なので（2 人で組になり，1 人が高さを読み取り，もう 1 人が時間を測定・記録するとよい），是非，試みてもらいたい．

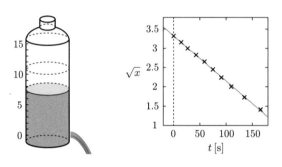

<hr>

問 題 4.3

問 1 次の関数 $x(t)$（C は任意定数）は括弧内の微分方程式を満たすことを示せ．

(1)　$x(t) = e^{-t}(t + C)$ $\quad \left(\dfrac{dx}{dt} + x = e^{-t} \right)$

(2)　$x(t) = C \cos^2 t$ $\quad \left(\dfrac{dx}{dt} + 2(\tan t)\, x = 0 \right)$

ヒント　例えば，(1) は $x'(t) + x(t)$ を計算して，e^{-t} となることを示す．

問 2 A と B を任意の定数とする．関数 $x(t) = e^{-t}(A \cos t + B \sin t)$ は微分方程式 $x''(t) + 2x'(t) + 2x(t) = 0$ を満たすことを示せ．

問 3 次の微分方程式の解 $x(t)$ で括弧内の条件を満たすものを求めよ．

(1)　$\dfrac{dx}{dt} = 3t^2 x^3$ $\quad (\, x(0) = 1 \,)$ $\qquad$ (2)　$\dfrac{dx}{dt} = \dfrac{t}{x+1}$ $\quad (\, x(0) = 0 \,)$

ヒント　$\displaystyle \int x^\beta \, dx = \dfrac{x^{\beta+1}}{\beta+1} \ (+C)$

問4 サキとジュリナが猿投山にハイキングに行った. 全長 8 km の
ハイキングコースを時速 6 km で元気にスタートした 2 人だっ
たが, 急速にペースを落とし, 最後は時速 2 km になった. 時
刻 t [h] における出発地点からの距離を $x(t)$ [km] とすると,
$$\frac{dx}{dt} = \frac{6}{\sqrt{1+x}}$$
が成り立つ.

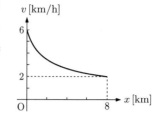

(1) $x(0) = 0$ として, $x(t)$ を求めよ.

(2) 2 人が 8 km 歩くのに掛かった時間 (h) を求めよ. 小数第 3 位（1/1000 の位）を四捨
五入して小数第 2 位（1/100 の位）まで答えよ.

問5 地球の表面から飛翔体（ロケット）を速度 v_0 で鉛直方向に打ち上げる（打
ち上げ時刻を $t = 0$ とする）. 地球の中心を原点とし, 鉛直上向きに x 軸
をとる. また, 地球の半径を R とする. 飛翔体の質量を m, 地球の質量
を M, 重力定数を G とすると, 飛翔体の位置座標 $x = x(t)$ は, 運動方程
式 $m\dfrac{d^2 x}{dt^2} = -\dfrac{GMm}{x^2}$ を満たす.

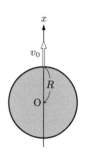

(1) 力学的エネルギー $E = \dfrac{1}{2} m \left(\dfrac{dx}{dt}\right)^2 - \dfrac{GMm}{x}$ は t に無関係な定
数であることを示せ.

(2) 飛翔体が地球に落下しないための v_0 の条件を求めよ.

(3) (2) の条件を満たす最小の v_0 に対して, $x(t)$ を求めよ.

ヒント **(1)** "定数 ⇔ 微分して 0" より, $\dfrac{dE}{dt} = 0$ を示せばよい. $\dfrac{d}{dt}\left(\dfrac{dx}{dt}\right)^2 = 2 \dfrac{dx}{dt} \cdot \dfrac{d^2 x}{dt^2}$.
また, $\dfrac{GMm}{x}$ の x も t の関数であることに注意.

(2) ある $t > 0$ に対して, $\dfrac{dx}{dt} = 0$ となれば, 飛翔体は地球に落下すると考えられる. **(3)** 任意の
$t > 0$ に対して, $\dfrac{dx}{dt} > 0$ であるとしてよい. $x(0) = R$ に注意. なお, このときの速度は, **脱出速
度**と呼ばれ, 秒速 11 km くらいである.

第 5 章

積分はデータ分析の基礎

5.1 広義積分

5.1.1 無限の領域が有限の面積をもつことも

例 5.1 $0 < \varepsilon < 1$ とする. 曲線 $y = \dfrac{1}{\sqrt{x}}$ と, x 軸との間の $\varepsilon \le x \le 1$ の部分の面積は

$$\int_{\varepsilon}^{1} \frac{dx}{\sqrt{x}} = \left[2\sqrt{x} \right]_{\varepsilon}^{1} = 2\left(1 - \sqrt{\varepsilon}\right)$$

となり, その $\varepsilon \to 0$ とした極限値 2 は $y = \dfrac{1}{\sqrt{x}}$, x 軸との間の $0 \le x \le 1$ の部分（無限に広がった領域）の面積と考えられる.

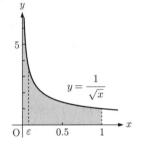

■広義積分（端点で関数値が $\pm\infty$ になる場合）■ $a < b$ とする. 関数 $f(x)$ は, $a < c < b$ をみたす任意の c に対して, $[c, b]$ 上で, 有界で積分可能であるとする. このとき, 極限値

$$\lim_{c \to a+0} \int_{c}^{b} f(x)\,dx \tag{5.1}$$

が存在する（有限の値をとる）ならば, $f(x)$ は $[a, b]$ 上で **広義積分可能** であるといい, この極限値を $\displaystyle\int_{a}^{b} f(x)\,dx$ と表す.

関数 $\dfrac{1}{\sqrt{x}}$ は $[0, 1]$ 上で広義積分可能であり, $\displaystyle\int_{0}^{1} \frac{dx}{\sqrt{x}} = 2$ となる. 一般に, 関数 $f(x) = \dfrac{1}{(x-a)^p}$ $(0 < p < 1)$ は $[a, b]$ 上で広義積分可能であり,

$$\int_{a}^{b} \frac{dx}{(x-a)^p} = \lim_{c \to a+0} \int_{c}^{b} \frac{dx}{(x-a)^p} = \lim_{c \to a+0} \left[\frac{(x-a)^{1-p}}{1-p} \right]_{c}^{b}$$

$$= \lim_{c \to a+0} \frac{(b-a)^{1-p} - (c-a)^{1-p}}{1-p} = \frac{(b-a)^{1-p}}{1-p}$$

が成り立つ.

一方, 関数 $f(x) = \dfrac{1}{(x-a)^p}$ $(p \ge 1)$ は $[a, b]$ 上で広義積分可能ではない. 実際, $p = 1$ の場合,

$$\int_{c}^{b} \frac{dx}{x-a} = \left[\log(x-a) \right]_{c}^{b} = \log(b-a) - \log(c-a)$$

となり，$c \to a+0$ とすると，$-\log(c-a) \to \infty$ となって，(5.1) は有限の値に収束しない．$p > 1$ の場合，$(0 < p < 1$ の場合と同様に)

$$\int_c^b \frac{dx}{(x-a)^p} = \left[\frac{(x-a)^{1-p}}{1-p} \right]_c^b = \frac{1}{p-1} \left(\frac{1}{(c-a)^{p-1}} - \frac{1}{(b-a)^{p-1}} \right)$$

となり，やはり，(5.1) は有限の値に収束しない．

　端点 b に特異点（不連続点）がある場合も，同様に広義積分が

$$\int_a^b f(x)\,dx = \lim_{c \to b-0} \int_a^c f(x)\,dx \tag{5.2}$$

のように定義される．また，区間 $[a, b]$ の内部の点 $c \in (a, b)$ に特異点がある場合には，通常，積分区間を $[a, c]$ と $[c, b]$ に分けて，広義積分を考える．

■ 広義積分（無限区間での積分）■　　関数 $f(x)$ は，（十分大きい）任意の $R > 0$ に対して，$[a, R]$ 上で，有界で積分可能であるとする．このとき，さらに

$$\lim_{R \to \infty} \int_a^R f(x)\,dx \tag{5.3}$$

が存在するならば，$f(x)$ は $[a, \infty)$ 上で**広義積分可能**であるといい，この極限値を $\displaystyle\int_a^\infty f(x)\,dx$ と表す．

　区間 $(-\infty, b]$，区間 $(-\infty, \infty)$ の場合も，広義積分が

$$\int_{-\infty}^b f(x)\,dx = \lim_{L \to \infty} \int_{-L}^b f(x)\,dx \tag{5.4}$$

$$\int_{-\infty}^\infty f(x)\,dx = \lim_{L \to \infty, R \to \infty} \int_{-L}^R f(x)\,dx \tag{5.5}$$

のように定義される．

例 5.2　関数 $\dfrac{1}{x^2}$ は，$[1, \infty)$ 上で広義積分可能であり，$\displaystyle\int_1^\infty \frac{dx}{x^2} = \lim_{R \to \infty} \int_1^R \frac{dx}{x^2}$
$= \displaystyle\lim_{R \to \infty} \left[-\frac{1}{x} \right]_1^R = \lim_{R \to \infty} \left(1 - \frac{1}{R} \right) = 1$ が成り立つ．

　一般に，関数 $f(x) = \dfrac{1}{x^q}$ $(q > 0)$ は，$q > 1$ のとき，$[a, \infty)$ $(a > 0)$ 上で広義積分可能であり，$0 < q \leq 1$ のとき，広義積分可能ではない．これらは，具体的に計算することにより示される．

5.1.2　広義積分可能であるための十分条件

　原始関数が具体的な関数で表されない場合でも，以下の定理を用いて広義積分可能性が示されることがある．

定理 5.1　関数 $f(x)$ は，$a < c < b$ を満たす任意の c に対して，$[c, b]$ 上で，有界で積分可能であるとする．$[a, b]$ 上広義積分可能である関数 $g(x)$ が存在して，

$$|f(x)| \leq g(x) \quad (a < x \leq b)$$

が成り立つならば，$f(x)$ は $[a, b]$ 上で広義積分可能である．

定理 5.2　関数 $f(x)$ は，（十分大きい）任意の $R > 0$ に対して，$[a, R]$ 上で，有界で積分可能であるとする．$[a, \infty)$ 上広義積分可能である関数 $g(x)$ が存在して，

$$|f(x)| \leq g(x) \quad (x \geq a)$$

が成り立つならば，$f(x)$ は $[a, \infty)$ 上で広義積分可能である．

　関数 $f(x)$ が右端点 b に特異点をもつ場合，区間 $(-\infty, b]$ や $(-\infty, \infty)$ の場合にも，同様な定理が成り立つ．**定理 5.1, 5.2** の $g(x)$ を**優関数**という．例えば，**定理 5.2** の仮定は，曲線 $y = f(x)$ と x 軸との間の領域が，有限の面積が定まる領域 $-g(x) \leq y \leq g(x)$ に含まれること（下図）を表している．そのとき，"符号付き面積" $\displaystyle\int_a^R f(x)\,dx$ が，$R \to \infty$ の極限でも有限の値に留まることは直観的には容易に想像がつくと思われる．

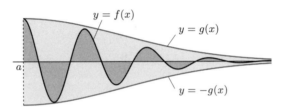

定理 5.2 の優関数

例 5.3　関数 $f(x) = \dfrac{1}{\sqrt{1 - x^2}}$ は，$[0, 1]$ 上で広義積分可能である．例えば，関数 $g(x) = \dfrac{1}{\sqrt{1 - x}}$ が優関数となる．

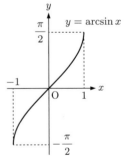

　積分値は $\displaystyle\int_0^1 \dfrac{dx}{\sqrt{1 - x^2}} = \dfrac{\pi}{2}$ である．実際，$-1 < x < 1$ について

$$(\arcsin x)' = \frac{1}{\sqrt{1 - x^2}}$$

が成り立つことから，

$$\int_0^1 \frac{dx}{\sqrt{1 - x^2}} = \lim_{c \to 1-0} \int_0^c \frac{dx}{\sqrt{1 - x^2}}$$

$$= \lim_{c \to 1-0} \Big[\arcsin x\Big]_0^c = \lim_{c \to 1-0} \arcsin c = \frac{\pi}{2}$$

となる．

例 5.4　関数 $f(x) = \dfrac{1}{1 + x^2}$ は，$[0, \infty)$ 上で広義積分可能である．例えば，積分区間を $[0, 1]$ と $[1, \infty)$ に分けると，$g(x) = \dfrac{1}{x^2}$ が $[1, \infty)$ における優関数となる．

積分値は次のように計算すればよい.

$$\int_0^\infty \frac{dx}{1+x^2} = \lim_{R\to\infty} \int_0^R \frac{dx}{1+x^2} = \lim_{R\to\infty} \Big[\arctan x \Big]_0^R$$

$$= \lim_{R\to\infty} \arctan R = \frac{\pi}{2}$$

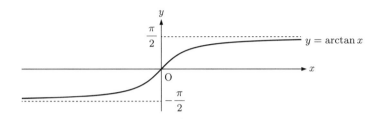

5.1.3 有理関数の原始関数

定理 5.3 有理関数の原始関数は,有理関数,log,arctan を使って表される.

証明は有理関数の部分分数展開 (partial fraction expansion) に基づく.分子の次数が分母の次数よりも高い場合は,まず,$P(x)$ を $Q(x)$ で割って,$P(x) = S(x)Q(x) + \widehat{P}(x)$ ($S(x)$ が商,$\widehat{P}(x)$ が余り)とし,

$$\frac{P(x)}{Q(x)} = S(x) + \frac{\widehat{P}(x)}{Q(x)} \tag{5.6}$$

のように変形して,分子の次数を下げる.分子の次数を下げた有理式については,次の定理が成り立つ(証明は,例えば,杉浦光夫『解析入門 I』,東京大学出版会,pp. 241–242 を参照).

定理 5.4(部分分数展開) $P(x)$ の次数は $Q(x)$ の次数よりも低いものとする.多項式 $Q(x)$ の根 (こん)($Q(x) = 0$ の解のこと)を $\alpha_1 \pm i\beta_1, \alpha_2 \pm i\beta_2, \dots, \alpha_k \pm i\beta_k$(複素根),$\gamma_1, \gamma_1, \dots, \gamma_l$(実根)とするとき,有理関数 $P(x)/Q(x)$ は

$$\frac{P(x)}{Q(x)} = \sum_{j=1}^{k} \sum_{n=1}^{m_j} \frac{a_{jn} + b_{jn}x}{\left[(x-\alpha_j)^2 + \beta_j{}^2 \right]^n} + \sum_{j=1}^{l} \sum_{n=1}^{\widehat{m}_j} \frac{c_{jn}}{(x-\gamma_j)^n} \tag{5.7}$$

の形に表される.ただし,m_j, $\widehat{m}_j$ は自然数,a_{jn}, b_{jn}, c_{jn} は実数(の定数)である.

展開された式 (5.7) の右辺の項は,例えば,次のような公式を使って積分される.

$$\int \frac{dx}{(x-\alpha)^2 + \beta^2} = \frac{1}{\beta} \arctan\left(\frac{x-\alpha}{\beta} \right) + C$$

$$\int \frac{x-\alpha}{(x-\alpha)^2 + \beta^2} \, dx = \frac{1}{2} \log\{(x-\alpha)^2 + \beta^2\} + C$$

例題 5.1　$f(x) = \dfrac{4x + 3}{(1 + x^2)(x + 2)}$ とする.

(1) 任意の実数 $x\,(\neq -2)$ について, 次式が成り立つように実数 a, b, c の値を定めよ.

$$f(x) \;=\; \frac{a}{1 + x^2} + \frac{b\,x}{1 + x^2} + \frac{c}{x + 2} \tag{5.8}$$

(2) 不定積分 $\displaystyle\int f(x)\,dx$ を求めよ.

(3) 広義積分 $\displaystyle\int_0^\infty f(x)\,dx$ を求めよ.

解　**(1)** (5.8) の両辺に $(1+x^2)(x+2)$ を掛けると, $4x+3 = a(x+2)+bx(x+2)+c(1+x^2) = (b+c)x^2 + (a+2b)x + 2a + c$ が得られる. この式が x の恒等式であるための条件は, 両辺の同じ次数の項の係数が一致することである. $b+c = 0,\ a+2b = 4,\ 2a+c = 3$ より, $a = 2,\ b = 1,\ c = -1$ が得られる.

(2) (1) より, $f(x)$ は $f(x) = \dfrac{2}{1+x^2} + \dfrac{x}{1+x^2} - \dfrac{1}{x+2}$ と表されることから,

$$\int f(x)\,dx = 2\int \frac{dx}{1+x^2} + \int \frac{x}{1+x^2}\,dx - \int \frac{dx}{x+2}$$

$$= 2\arctan x + \frac{1}{2}\log(1+x^2) - \log|x+2| + C$$

が得られる. ここで, 第 2 項の積分は

$$\int \frac{x}{1+x^2}\,dx = \frac{1}{2}\int \frac{2x}{1+x^2}\,dx = \frac{1}{2}\int \frac{(1+x^2)'}{1+x^2}\,dx = \frac{1}{2}\log(1+x^2) + C_2$$

のように計算し, 積分定数は 1 つにまとめて, C と表している.

(3) $\displaystyle\int_0^\infty f(x)\,dx = \lim_{R\to\infty}\int_0^R f(x)\,dx$ の極限を計算する. $\displaystyle\int f(x)\,dx$ を $\arctan$ の部分と $\log$ で表される部分に分けて計算するとよい. まず,

$$\lim_{R\to\infty}\int_0^R \frac{dx}{1+x^2} = \lim_{R\to\infty}\Bigl[\arctan x\Bigr]_0^R = \lim_{R\to\infty}\arctan R = \frac{\pi}{2} \tag{5.9}$$

である. また,

$$\int_0^R \left(\frac{x}{1+x^2} - \frac{1}{x+2}\right)dx = \left[\frac{1}{2}\log(1+x^2) - \log|x+2|\right]_0^R$$

$$= \left[\log \frac{\sqrt{1+x^2}}{|x+2|}\right]_0^R = \log \frac{\sqrt{1+R^2}}{R+2} + \log 2$$

となり, $\dfrac{\sqrt{1+R^2}}{R+2}$ の分子分母を R で割ると, $\dfrac{\sqrt{1/R^2+1}}{1+2/R}$ となることから, その $R\to\infty$ のときの極限は 1 である. したがって,

$$\lim_{R\to\infty}\int_0^R \left(\frac{x}{1+x^2} - \frac{1}{x+2}\right)dx = \log 1 + \log 2 = \log 2$$

が成り立ち，(5.9) と合わせると，次が得られる．

$$\int_0^\infty f(x)\,dx = 2\int_0^\infty \frac{dx}{1+x^2} + \int_0^\infty \left(\frac{x}{1+x^2} - \frac{1}{x+2}\right)dx = \pi + \log 2$$

問 題 5.1

問1 次の広義積分を計算せよ．

(1) $\displaystyle\int_0^1 \frac{1}{\sqrt[3]{x}}\,dx$ **(2)** $\displaystyle\int_0^1 \log x\,dx$ **(3)** $\displaystyle\int_1^\infty \frac{1}{x^3}\,dx$ **(4)** $\displaystyle\int_0^\infty x\,e^{-\frac{x^2}{2}}\,dx$

ヒント **(2)** $\displaystyle\int \log x\,dx = x\log x - x$. また，$\displaystyle\lim_{\varepsilon\to+0}\varepsilon\log\varepsilon = 0$.

問2 **(1)** 任意の実数 $x \neq -1$ について，次式が成り立つように a, b, c の値を定めよ．

$$\frac{x}{(1+x^2)(x+1)} = \frac{a}{1+x^2} + \frac{bx}{1+x^2} + \frac{c}{x+1} \tag{5.10}$$

(2) $\displaystyle\int_1^\infty \frac{x}{(1+x^2)(x+1)}\,dx$ を求めよ．

問3 関数 $\dfrac{\sin x}{x}$ は $[0,\infty)$ 上で広義積分可能であって，$\displaystyle\int_0^\infty \frac{\sin x}{x}\,dx = \frac{\pi}{2}$ となることが知られている．これを用いて，$I_1 = \displaystyle\int_0^\infty \frac{1-\cos x}{x^2}\,dx$, $I_2 = \displaystyle\int_0^\infty \frac{\sin^2 x}{x^2}\,dx$ を求めよ．

ヒント $\left(-\dfrac{1}{x}\right)' = \dfrac{1}{x^2}$. ともに部分積分で変形する．$I_1$ は $\displaystyle\lim_{x\to 0}\frac{1-\cos x}{x} = 0$, I_2 は $2\sin x\cos x = \sin 2x$ を用いる．

問4 ガンマ関数 $\Gamma(x) = \displaystyle\int_0^\infty e^{-t}\,t^{x-1}dt \left(= \lim_{R\to\infty,\,\varepsilon\to+0}\int_\varepsilon^R e^{-t}\,t^{x-1}dt\right)$ $(x>0)$ について，以下の問いに答えよ．任意の実数 x に対して，$\displaystyle\lim_{R\to\infty}R^x e^{-R} = 0$ が成り立つことは既知としてよい（このことを証明する必要はない）．

(1) $\Gamma(1)$ の値を求めよ．

(2) 等式 $\Gamma(x+1) = x\Gamma(x)$ $(x>0)$ を証明せよ．

(3) $n = 0, 1, 2, \ldots$ のとき，$\Gamma(n+1)$ を n の式で表せ．

ヒント **(2)** $\Gamma(x+1) = \displaystyle\lim_{R\to\infty,\,\varepsilon\to+0}\int_\varepsilon^R e^{-t}\,t^x\,dt$ の積分を部分積分で変形する．

問5 無限に長い直線（x 軸とする）上に，線密度 λ で電荷が一様に分布しているとき，点 $(0, b)$ $(b>0)$ における電場の y 軸方向の成分は

$$E_y = 2k\lambda \int_0^\infty \frac{1}{x^2+b^2}\cdot\frac{b}{\sqrt{x^2+b^2}}\,dx = 2k\lambda b\int_0^\infty \frac{dx}{\left(\sqrt{x^2+b^2}\right)^3} \tag{5.11}$$

で与えられる．ここで，k はクーロン力の定数 $k \fallingdotseq 9\times 10^9\,(\mathrm{C}^{-2}\cdot\mathrm{N}\cdot\mathrm{m}^2)$ である．変数変換 $\sqrt{x^2+b^2} = y - x$ すなわち $x = \dfrac{y^2-b^2}{2y}$ $(y\geq b)$ を用いて，広義積分 (5.11) を

計算し，$E_y = \dfrac{2k\lambda}{b}$ となることを示せ．

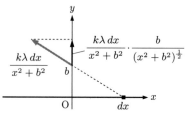

ヒント　$\sqrt{x^2 + b^2} = y - x = \dfrac{y^2 + b^2}{2y}$．また，$x = \dfrac{y^2 - b^2}{2y}$ は $y \geq b$ で単調増加な関数であって，$x \to \infty \ (y \to \infty)$ が成り立つ．特に，$R > 0$ に対して，$\rho > 0$ を $R = \dfrac{\rho^2 - b^2}{2\rho}$ により定めると，$R \to \infty$ のとき，$\rho \to \infty$.

5.2　確率変数と期待値

5.2.1　確率変数の分布関数

まずは，確率変数の簡単な例を挙げる．

例 5.5　コインを投げる試行で，表が出たとき $X = 1$，裏が出たとき $X = 0$ とすると，X は確率 $\dfrac{1}{2}$ で 0 または 1 となる．このことを次のような表（確率分布表と呼ばれる）で表す．ここで，P は X が各値をとる確率を表す．

X	0	1
P	$\dfrac{1}{2}$	$\dfrac{1}{2}$

例 5.6　サイコロを投げる試行で，出る目の数を X とすると，X は確率 $\dfrac{1}{6}$ で 1, 2, 3, 4, 5, 6 の値をとる．

X	1	2	3	4	5	6
P	$\dfrac{1}{6}$	$\dfrac{1}{6}$	$\dfrac{1}{6}$	$\dfrac{1}{6}$	$\dfrac{1}{6}$	$\dfrac{1}{6}$

例 5.7　右図のようなルーレットをまわす試行（0 以上 1 未満の実数が「等確率で」出るものとする）で，針の示す値を X とする．x を $0 \leq x < 1$ を満たす実数とするとき，X が x 以下の値をとる確率 $P(X \leq x)$ は，区間 $[0, x]$ の長さ，すなわち，$P(X \leq x) = x$ で与えられる．

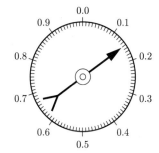

これらの例の X のように試行ごとに値が定まる変数を確率変数という．確率変数は X, Y, Z のような大文字で表すことが多い．**例 5.5**，**例 5.6** のように，とりうる値が離散的（とびとびの値）であるものを**離散的確率変数** (discrete random variable)，**例 5.7** のように，とりうる値が連続的であるものを**連続的確率変数** (continuous random variable) という．X を実数の値をとる確率変数とすると，試行により，実数 x に対して，確率変数 X が x 以下の値をとる確率 $P(X \leq x)$ が定まる．この $P(X \leq x)$ を x の関数とみなしたものを

$$F(x) = P(X \leq x) \tag{5.12}$$

のように書き，$F(x)$ を確率変数 X の**分布関数** (distribution function) と呼ぶ．

例 5.5 の確率変数 X の場合，X のとりうる値は 0 と 1 のみであるから，$x < 0$ ならば，$P(X \leq x) = 0$ である．$0 \leq x < 1$ ならば，$X \leq x$ となるのは，$X = 0$ のときだけで，$P(X \leq x) = \dfrac{1}{2}$ となる．$x \geq 1$ ならば，$X \leq x$ となるのは，$X = 0$ と $X = 1$ の両方である．したがって，$P(X \leq x)$ は，両方の確率を合わせて，$P(X \leq x) = \dfrac{1}{2} + \dfrac{1}{2} = 1$ となる．以上をまとめると，次のようになる．

$$F(x) = \begin{cases} 0 & (x < 0) \\ \dfrac{1}{2} & (0 \leq x < 1) \\ 1 & (x \geq 1) \end{cases} \qquad (5.13)$$

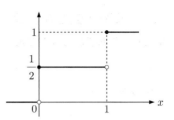

例 5.7 の確率変数 X については，$0 \leq x < 1$ のとき，$P(X \leq x)$ は区間 $[0, x]$ の長さで与えられることから，分布関数は次のようになる．

$$F(x) = \begin{cases} 0 & (x < 0) \\ x & (0 \leq x < 1) \\ 1 & (1 \leq x) \end{cases} \qquad (5.14)$$

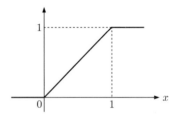

例題 5.2　3枚のコインを同時に投げるとき，表の出る枚数を X とする．

(1)　確率 $P(X = k)\ (k = 0, 1, 2, 3)$ を求め，確率分布表にまとめよ．

(2)　分布関数 $F(x) = P(X \leq x)$ を求め，$y = F(x)$ のグラフの概形をかけ．

解 **(1)** $P(X = k) = {}_3\mathrm{C}_k \left(\dfrac{1}{2}\right)^k \left(\dfrac{1}{2}\right)^{3-k} = \dfrac{{}_3\mathrm{C}_k}{8}$ であり，この式を $k = 0, 1, 2, 3$ について計算すると，次の表のようになる．

X	0	1	2	3
P	$\dfrac{1}{8}$	$\dfrac{3}{8}$	$\dfrac{3}{8}$	$\dfrac{1}{8}$

(2) $x < 0$ のとき，$X \leq x$ となることはないので，$F(x) = 0$ である．$0 \leq x < 1$ のとき，「$X \leq x \Leftrightarrow X = 0$」より，$F(x) = \dfrac{1}{8}$，$1 \leq x < 2$ のとき，「$X \leq x \Leftrightarrow X = 0, 1$」より，$F(x) = \dfrac{1}{8} + \dfrac{3}{8} = \dfrac{1}{2}$，$2 \leq x < 3$ のとき，「$X \leq x \Leftrightarrow X = 0, 1, 2$」より，$F(x) = \dfrac{1}{8} + \dfrac{3}{8} + \dfrac{3}{8} = \dfrac{7}{8}$，$x \geq 3$ のとき，「$X \leq x \Leftrightarrow X = 0, 1, 2, 3$」より，$F(x) = 1$ である．以上をまとめると，次のようになる．

$$F(x) = \begin{cases} 0 & (x < 0) \\ \dfrac{1}{8} & (0 \leq x < 1) \\ \dfrac{1}{2} & (1 \leq x < 2) \\ \dfrac{7}{8} & (2 \leq x < 3) \\ 1 & (x \geq 3) \end{cases}$$

分布関数は，一般に，$0 \leq F(x) \leq 1$ の値をとる広義単調増加関数（実数 x, y について，$x < y$ ならば $F(x) \leq F(y)$ が成り立つ）であって，$\lim_{x \to -\infty} F(x) = 0$, $\lim_{x \to \infty} F(x) = 1$ を満たす．このことは，直観的には明らかであろう．分布関数は (5.13) や**例題 5.2** の関数のように不連続な場合もあるが，（そうした場合でも）右連続，すなわち，任意の実数 a に対して，$\lim_{x \to a+0} F(x) = F(a)$ が成り立つことが知られている．分布関数は，離散的確率変数と連続的確率変数を統一的に扱うために有用である．

5.2.2　スティルチェス積分

確率変数の期待値を一般的に定義するため，新たな積分の概念を導入する．$F(x)$ を区間 $[a, b]$ 上で定義された広義単調増加関数とする．すなわち，$x, y \in [a, b]$ に対して，$x < y$ ならば $F(x) \leq F(y)$ が成り立つものとする．また，$g(x)$ を区間 $[a, b]$ 上の関数とする．区間 $[a, b]$ の分割 $\Delta : a = x_0 < x_1 < \cdots < x_n = b$ に対して，$d(\Delta) = \max_{1 \leq j \leq n} (x_j - x_{j-1})$ とおく．各区間 $[x_{j-1}, x_j]$ に含まれる点 ξ_j（代表点）を選び，リーマン和 (4.8)（**第 4 章 4.1 節**, p. 57）と類似の

$$\sigma\big(F, \Delta, \{\xi_j\}\big) = \sum_{j=1}^{n} g(\xi_j)\big(F(x_j) - F(x_{j-1})\big) \tag{5.15}$$

のような和（**リーマン-スティルチェス和**という）を考える．この和が，$d(\Delta) \to 0$ のとき，分割 Δ にも代表点 ξ_j のとり方にもよらない一定値 I に収束するならば，$g(x)$ は $F(x)$ に関してスティルチェス積分可能であるという．極限値 I のことを $g(x)$ の $[a, b]$ 上での（$F(x)$ に関する）**スティルチェス積分** (Stieltjes integral) と呼び[*1]，

$$I = \int_a^b g(x) \, dF(x) \tag{5.16}$$

と表す．特に，$F(x) = x$ の場合が，通常の積分（リーマン積分）である．通常の積分と同様，$g(x)$ が $[a, b]$ 上の連続関数ならばスティルチェス積分可能である（例えば，杉浦光夫，『解析入門 I』，東京大学出版会，p. 356）．また，g が定数関数（$g(x) = C$, C は定数）ならば，(5.15) は $\sigma\big(F, \Delta, \{\xi_j\}\big) = C \sum_{j=1}^{n} \big(F(x_j) - F(x_{j-1})\big) = C\big(F(b) - F(a)\big)$ となることから，

$\int_a^b C \, dF(x) = C\big(F(b) - F(a)\big)$ である．

区間 $[a, b]$ に対して，$c \in (a, b)$ とする．関数 $g(x)$ が $[a, b]$ で連続ならば，$g(x)$ は $[a, c]$ でも，$[c, b]$ でも連続であり，それぞれの区間でスティルチェス積分可能である．区間 $[a, b]$ の分割として，端点が c を含むもの，すなわち，ある自然数 m について，$x_m = c$ となるものを考えて，$d(\Delta) \to 0$ の極限をとることにより，次の定理が得られる．

定理 5.5（区間に関する加法性） 区間 $[a, b]$ 上の連続関数とするとき，実数 $c \in (a, b)$ について，次が成り立つ．

[*1] 正確には，リーマン-スティルチェス積分という．「スティルチェス」はオランダの数学者トーマス・ヤン・スティルチェス (Thomas Jan Stieltjes, 1856-1894) にちなむ．このように，積分にも種類があり，**第 4 章 4.1 節**で定義された積分はリーマン積分と呼ばれる．

$$\int_a^b g(x)\,dF(x) = \int_a^c g(x)\,dF(x) + \int_c^b g(x)\,dF(x) \tag{5.17}$$

この定理を繰り返し用いると，$[a, b]$ 上の連続関数 $g(x)$ と $[a, b]$ の分割 $a = c_0 < c_1 < \cdots < c_k = b$ について，

$$\int_a^b g(x)\,dF(x) = \sum_{j=1}^k \int_{c_{j-1}}^{c_j} g(x)\,dF(x) \tag{5.18}$$

が成り立つことが示される．

さらに，スティルチェス積分が，通常の積分と同様な性質をもつことが定義から示される．$g_1(x)$，$g_2(x)$ をスティルチェス積分可能な関数とし，C_1, C_2 を定数とするとき，$g(x) = C_1\,g_1(x) + C_2\,g_2(x)$ はスティルチェス積分可能であって，次が成り立つ（**線形性**）.

$$\int_a^b g(x)\,dF(x) = C_1 \int_a^b g_1(x)\,dF(x) + C_2 \int_a^b g_2(x)\,dF(x) \tag{5.19}$$

また，$g(x)$ がスティルチェス積分可能であって，$g(x) \geq 0$ $(a \leq x \leq b)$ を満たすならば，$\sigma(F, \Delta, \{\xi_j\}) \geq 0$ であることから，$\displaystyle\int_a^b g(x)\,dF(x) \geq 0$ が成り立つ．このことと線形性から，次が得られる．スティルチェス積分可能な関数 $g_1(x)$, $g_2(x)$ が $g_1(x) \leq g_2(x)$ $(a \leq x \leq b)$ を満たすならば，

$$\int_a^b g_1(x)\,dF(x) \leq \int_a^b g_2(x)\,dF(x) \tag{5.20}$$

が成り立つ（**単調性**）.

5.2.3　スティルチェス積分の計算公式

スティルチェス積分 (5.16) の $dF(x)$ は，微分と直接的には関係はないが，$F(x)$ が微分可能である場合には，$F(x)$ の微分（導関数）を用いて表される．$F(x)$ は区間 $[a, b]$ で C^1 級である，すなわち，$[a, b]$ で微分可能であって，導関数 $F'(x) = f(x)$ は $[a, b]$ で連続であるとする．**平均値の定理**（**定理 2.7**, p. 32）により，$F(x_j) - F(x_{j-1}) = f(\xi_j)(x_j - x_{j-1})$ を満たす $\xi_j \in (x_{j-1}, x_j)$ が存在する．この ξ_j を代表点にとると，(5.15) の和は

$$\sigma(F, \Delta, \{\xi_j\}) = \sum_{j=1}^n g(\xi_j)f(\xi_j)(x_j - x_{j-1}) \tag{5.21}$$

と書き直される．つまり，$g(x)f(x)$ を被積分関数とするリーマン和である．したがって，$d(\Delta) \to 0$ として，次の公式が得られる．

$$\int_a^b g(x)\,dF(x) = \int_a^b g(x)f(x)\,dx \tag{5.22}$$

この公式は, $F(x)$ が単純な不連続性をもつ場合, 次のように拡張される. $c \in (a, b)$ とし, $F(x)$ が

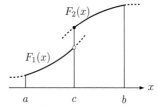

$$F(x) = \begin{cases} F_1(x) & (a \le x < c) \\ F_2(x) & (c \le x \le b) \end{cases} \tag{5.23}$$

のように表されるとする. ここで, $F_1(x)$ は, $[a, c]$ で微分可能であって, $F_1'(x) = f_1(x)$ は $[a, c]$ で連続, $F_2(x)$ は, $[c, b]$ で微分可能であって, $F_2'(x) = f_2(x)$ は $[c, b]$ で連続であるとする.

区間 $[a, b]$ 上の連続関数 $g(x)$ に対して,

$$\int_a^b g(x)\, dF(x) = \int_a^c g(x) f_1(x)\, dx$$
$$+ g(c)\left(\lim_{x \to c+0} F_2(x) - \lim_{x \to c-0} F_1(x) \right) + \int_c^b g(x) f_2(x)\, dx \tag{5.24}$$

が成り立つ.

証明 **(公式 (5.24))**　区間 $[a, b]$ の分割 $\Delta : a = x_0 < x_1 < \cdots < x_n = b$ に対して, $x_{m-1} < c \le x_m$ を満たす自然数 m がただ 1 つ存在する. 上と同様に, 平均値の定理により, $j \le m-1$ のとき, $F(x_j) - F(x_{j-1}) = f_1(\xi_j)(x_j - x_{j-1})$ を満たす $\xi_j \in (x_{j-1}, x_j)$ が, $j \ge m+1$ のとき, $F(x_j) - F(x_{j-1}) = f_2(\xi_j)(x_j - x_{j-1})$ を満たす $\xi_j \in (x_{j-1}, x_j)$ が存在することから, この ξ_j を代表点にとると ($\xi_m \in (x_{m-1}, x_m)$ は任意に選ぶ), (5.15) の和は

$$\sum_{j=1}^{m-1} g(\xi_j) f_1(\xi_j)(x_j - x_{j-1}) + g(\xi_m)\big(F_2(x_m) - F_1(x_{m-1}) \big)$$
$$+ \sum_{j=m+1}^{n} g(\xi_j) f_2(\xi_j)(x_j - x_{j-1}) \tag{5.25}$$

と表される. $d(\Delta) \to 0$ のとき, $x_{m-1} \to c, \xi_m \to c, x_m \to c$ となることから, 極限は (5.24) となる. ■証明終

さらに, 広義積分を, 通常の積分の場合と同様に定義する. $F(x)$ が実数全体で定義された広義単調増加関数, $g(x)$ が実数全体で定義された関数であるとき,

$$\int_{-\infty}^{\infty} g(x)\, dF(x) = \lim_{a \to -\infty,\, b \to \infty} \int_a^b g(x)\, dF(x) \tag{5.26}$$

とする. 右辺の極限が存在するならば, 極限値を左辺の記号で表すという意味である.

5.2.4　期待値

X を実数の値をとる確率変数, $F(x)$ を X の分布関数, すなわち, $F(x) = P(X \le x)$ とする. 分布関数は, $0 \le F(x) \le 1$ の広義単調増加関数であって, $\lim_{x \to -\infty} F(x) = 0, \lim_{x \to \infty} F(x) = 1$ を満たす. また, 少なくとも, 各点で右連続である. 実数全体で定義された連続関数 $g(x)$ に対して,

$$E\{g(X)\} = \int_{-\infty}^{\infty} g(x)\, dF(x) \tag{5.27}$$

を（$g(X)$ の）**期待値** (expectation) と呼ぶ[※2]．$F(x) = P(X \le x)$ より，$x_j > x_{j-1}$ のとき，$F(x_j) - F(x_{j-1}) = P(X \le x_j) - P(X \le x_{j-1}) = P(x_{j-1} < X \le x_j)$ が成り立つ．したがって，リーマン-スティルチェス和 (5.15) は

$$\sigma\big(F, \Delta, \{\xi_j\}\big) = \sum_{j=1}^{n} g(\xi_j)\, P(x_{j-1} < X \le x_j) \tag{5.28}$$

と書き直される．標本値 $g(\xi_j)$ とその（近似的な）確率 $P(x_{j-1} < X \le x_j)$ の積の和になっていることから，(5.28) の「極限」で期待値を定めるのは自然であろう．

また，$g(x) = x$ の場合の期待値

$$E(X) = \int_{-\infty}^{\infty} x\, dF(x) \tag{5.29}$$

を X の**平均**といい，$\mu = E(X)$ とするとき，

$$V(X) = \int_{-\infty}^{\infty} (x - \mu)^2\, dF(x) \tag{5.30}$$

を X の**分散**という．

確率変数 X が

X	x_1	x_2	$\cdots$	x_k
P	p_1	p_2	$\cdots$	p_k

の確率分布に従う場合を考えよう．ただし，$x_1 < x_2 < \cdots < x_k$ であって，$\sum_{j=1}^{k} p_j = 1$ が成り立つものとする．a, b を，すべての x_j が区間 (a, b) に含まれるようにとると，

$$\int_{-\infty}^{\infty} g(x)\, dF(x) = \int_{a}^{b} g(x)\, dF(x) = \sum_{j=1}^{k} g(x_j)\, p_j \tag{5.31}$$

となって，(5.27) は

$$E\{g(X)\} = \sum_{j=1}^{k} g(x_j)\, p_j \tag{5.32}$$

と書き直される．したがって，この場合，スティルチェス積分で定義した期待値 (5.27) は高校数学「数学 A」の期待値と一致する．

証明 （**公式 (5.31)**）　左の等号が成り立つことは明らかであろう．右の等号が成り立つことを示す．$a = c_0 < x_1 < c_1 < x_2 < \cdots < c_{k-1} < x_k < c_k = b$ となる分割点 c_j を用いて，

$$\int_{a}^{b} g(x)\, dF(x) = \sum_{j=1}^{k} \int_{c_{j-1}}^{c_j} g(x)\, dF(x) \tag{5.33}$$

と分割する（**定理 5.5**）．$\lim_{x \to x_j+0} F(x) - \lim_{x \to x_j-0} F(x) = p_j$ であり，x が x_j のいずれとも異な

[※2] 「存在すれば」という意味である．この積分は必ずしも存在するとは限らない．例えば，$F(x) = \dfrac{1}{\pi}\arctan x + \dfrac{1}{2}$ を分布関数とする確率変数 X（対応する分布はコーシー分布と呼ばれる）には，平均 $E(X)$ が存在しない．

れば，$F'(x) = 0$ であるから（下図参照），(5.24) より，

$$\int_{c_{j-1}}^{c_j} g(x)\, dF(x) = g(x_j) p_j \tag{5.34}$$

が成り立つ．したがって，(5.31) の右の等号が成り立つ． 証明終

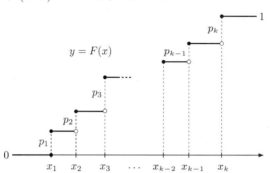

例 5.6（サイコロの例）の X の場合，(5.32) により，X の平均は

$$E(X) = \sum_{j=1}^{6} j \cdot \frac{1}{6} = \frac{21}{6} = 3.5 \tag{5.35}$$

となる．実際に 10 回ほどサイコロを振って，出る目の平均（目の和を振った回数で割ったもの）を計算してみてほしい．サイコロを振る回数を増やすと，出る目の平均は (5.35) の値 3.5 に近づくと考えられる．このことは，直観的には，次のように説明される．N が非常に大きい整数であれば，N 回サイコロを振ったときに，各目が出る回数は，それぞれ，ほぼ $N/6$ 回である．したがって，出る目の平均は (5.35) の期待値にほぼ一致すると思われる．

例題 5.3　右の図のような円形のルーレットがあり，1 等，2 等，3 等の区画が，それぞれ中心角が $60°, 90°, 210°$ の扇形で分けられている．1 等，2 等，3 等の賞金は，それぞれ 1000 円，500 円，100 円である．ルーレットを 1 回まわしたときの賞金の期待値を求めよ．ただし，1 等，2 等，3 等の当たる確率は，それぞれの区画の中心角の大きさに比例するものとする．

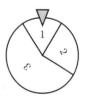

解　X 等が当たる確率と X 等の賞金 $g(X)$ [円] は

X	1	2	3
P	$\dfrac{2}{12}$	$\dfrac{3}{12}$	$\dfrac{7}{12}$

X	1	2	3
g	1000	500	100

のようになる．したがって，期待値は，(5.32) より，

$$E\{g(X)\} = 1000 \times \frac{2}{12} + 500 \times \frac{3}{12} + 100 \times \frac{7}{12}$$

$$= \frac{4200}{12} = 350 \text{（円）}$$

連続的確率変数 X について，分布関数が，$f(x) \geq 0$ を満たす関数を用いて，

$$F(x) = \int_{-\infty}^{x} f(\xi)\, d\xi \tag{5.36}$$

と表されるとき，$f(x)$ を確率変数 X の**密度関数** (density function) と呼ぶ．$\alpha < \beta$ のとき，X が $\alpha \leq X \leq \beta$ の値を取る確率 $P(\alpha \leq X \leq \beta)$ は，密度関数を用いると，

$$P(\alpha \leq X \leq \beta)\ \Big(\, = F(\alpha) - F(\beta)\, \Big)\ = \int_{\alpha}^{\beta} f(x)\, dx \tag{5.37}$$

のように表される．特に，$F(x)$ が微分可能ならば，$f(x)$ は $f(x) = F'(x)$ で与えられる．(5.22) より，期待値は

$$E\{g(X)\}\ =\ \int_{-\infty}^{\infty} g(x) f(x)\, dx \tag{5.38}$$

と表される．

例 5.7（ルーレットの例）の分布関数 (5.14) の場合，$x < 0$ または $x > 1$ のとき，$F'(x) = 0$ となることから，(5.38) の積分区間を「$x = 0$ から $x = 1$ まで」に置き換えることができる[※3]．$0 < x < 1$ ならば，$f(x) = F'(x) = 1$ となり，例えば，平均 $E(X)$ と分散 $V(X)$ は，次のように計算される．

$$E(X) = \int_{0}^{1} x f(x)\, dx = \int_{0}^{1} x \cdot 1\, dx = \left[\frac{x^2}{2}\right]_{0}^{1} = \frac{1}{2}$$

$$V(X) = \int_{0}^{1} \left(x - \frac{1}{2}\right)^2 f(x)\, dx = \int_{0}^{1} \left(x^2 - x + \frac{1}{4}\right) \cdot 1\, dx$$

$$= \left[\frac{x^3}{3} - \frac{x^2}{2} + \frac{x}{4}\right]_{0}^{1} = \frac{1}{12}$$

例題 5.4　xy 平面上の正方形 $S = \{(x, y) \mid 0 \leq x \leq 1,\ 0 \leq y \leq 1\}$ の点をランダムに選ぶ確率変数を (X, Y) とし，$Z = \max\{X, Y\}$ とおく．

(1) $0 \leq z \leq 1$ に対して，確率変数 Z の分布関数 $F(z) = P(Z \leq z)$ を求めよ．

(2) $P(Z \leq z) = \dfrac{1}{2}$ となる z の値を求めよ．

(3) 平均 $E(Z)$ と分散 $V(Z)$ を求めよ．

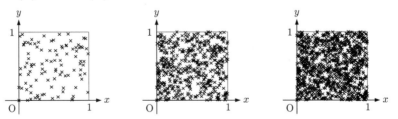

正方形 S 上にランダムにとった点（左から 100 点，500 点，1000 点）

[※3] 一般に，確率変数のとりうる値が $a \leq X \leq b$ であるとき，積分区間を「$x = a$ から $x = b$ まで」に置き換えることができる．

解 (1) $Z \leq z \Leftrightarrow X \leq z$ かつ $Y \leq z$ であることから，$Z \leq z$ の表す正方形内の領域は 1 辺の長さが z の正方形となる（右図）．したがって，$0 \leq z \leq 1$ に対して，$F(z)$ は

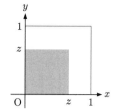

$$F(z) = \frac{(1 \text{ 辺の長さが } z \text{ の正方形の面積})}{(1 \text{ 辺の長さが } 1 \text{ の正方形の面積})} = \frac{z^2}{1} = z^2$$

で与えられる（**幾何学的確率**）.

(2) $z^2 = \dfrac{1}{2}$, $0 \leq z \leq 1$ より，$z = \dfrac{1}{\sqrt{2}}$

(3) 分布関数を微分して，$f(z) = F'(z) = 2z$ を得る．Z のとりうる値の範囲は $0 \leq Z \leq 1$ であることから，平均と分散は次のように計算される．

$$E(Z) = \int_0^1 z \cdot (2z)\, dz = 2\int_0^1 z^2\, dz = 2\left[\frac{z^3}{3}\right]_0^1 = \frac{2}{3}$$

$$V(Z) = \int_0^1 \left(z - \frac{2}{3}\right)^2 \cdot (2z)\, dz = 2\int_0^1 \left(z^3 - \frac{4}{3}z^2 + \frac{4}{9}z\right) dz$$

$$= 2\left[\frac{z^4}{4} - \frac{4}{9}z^3 + \frac{2}{9}z^2\right]_0^1 = \frac{1}{18}$$

問 題 5.2

問 1 サイコロを振り，1 の目が出たら 1000 円，2 か 3 の目が出たら 500 円，それ以外の目が出たら 100 円の賞金を受け取るゲームがある．参加料は 1 回サイコロを振るたびに 400 円である．このゲームに参加することは得であるか，損であるか．

問 2 確率変数 X のとりうる値の範囲は $0 \leq X \leq 2$ であり，X の分布関数は，$0 \leq x \leq 2$ に対しては，$F(x) = a\,x^2$ （a は定数）のように表される．

    (1) a の値を求めよ．   (2) $P(X \leq x) = \dfrac{1}{2}$ となる実数 x を求めよ．

    (3) 平均 $E(X)$ と分散 $V(X)$ を求めよ．

    ヒント (1) X のとりうる値の範囲が $0 \leq X \leq 2$ であることから，$F(2) = P(X \leq 2)$ の値が定まる．（分布関数 $F(x)$ は，一般には，右連続であって，左連続とは限らないため，$F(0) = P(X \leq 0)$ の値は「とりうる値の範囲が $0 \leq X \leq 2$」だけでは定まらない.）

問 3 確率変数 X のとりうる値の範囲が $X \geq 0$ であり，分布関数が，$x \geq 0$ に対しては，$F(x) = 1 - e^{-\lambda x}$ （λ は正の定数）と表されるとする（このとき，確率変数 X は指数分布に従うという）．平均 $E(X)$ と分散 $V(X)$ を求めよ（λ で表せ）．

問 4 2 万円以上の損失に対して，10 万円を限度額として支払われる保険がある．2 万円未満の損失は，確率 0.08 で，10 万円以上の損失は，確率 0.12 で，2 万円以上 10 万円未満の損失は，x 万円以下の損失が $x - 2$ に比例する確率（ただし，2 万円以上 10 万円未満全体で 0.8）で

発生するものとする. そのとき, 1 回の損失に対して支払われる金額 X (万円) の期待値を
求めよ.

ヒント $P(X < 0) = 0$, $P(X = 0) = 0.08$, $P(0 < X < 2) = 0$. また, $2 \leq x < 10$ のとき,
$P(2 \leq X \leq x) = 0.1(x - 2)$ である[※4]. さらに, $P(X = 10) = 0.12$, $P(X > 10) = 0$ より, X
の分布関数 $F(x)$ は次のように表される.

$$
F(x) = \begin{cases}
0 & (x < 0) \\
0.08 & (0 \leq x < 2) \\
0.1\,x - 0.12 & (2 \leq x < 10) \\
1 & (x \geq 10)
\end{cases}
$$

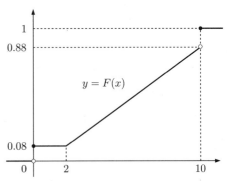

$y = F(x)$

[※4] 区間 $[2, 10]$ 全体の値が 0.8 に一致するようにするため, 区間 $[2, x]$ の長さ $x - 2$ を 0.1 倍してある.

5.3 正規分布

5.3.1 正規分布の正規はフツーという意味

$\overset{\text{ミュー}}{\mu}$ と $\overset{\text{シグマ}}{\sigma} > 0$ を定数とし，正の値をとる関数 $f(x)$ を

$$f(x) = \frac{1}{\sqrt{2\pi}\,\sigma}\, e^{-\frac{(x-\mu)^2}{2\sigma^2}} \tag{5.39}$$

で定めると，この $f(x)$ は，

$$\int_{-\infty}^{\infty} f(x)\,dx = 1 \tag{5.40}$$

$$\int_{-\infty}^{\infty} x\,f(x)\,dx = \mu, \quad \int_{-\infty}^{\infty} (x-\mu)^2 f(x)\,dx = \sigma^2 \tag{5.41}$$

を満たす（この証明は後で与える）．はじめの (5.40) は，関数 $F(x) = \displaystyle\int_{-\infty}^{x} f(\xi)\,d\xi$ が $\displaystyle\lim_{x\to\infty} F(x) = 1$ を満たすことを示している．したがって，$f(x)$ は確率変数の密度関数になりうる．対応する確率変数を X とするとき，(5.41) の第 1 式は平均が $E(X) = \mu$ であることを，第 2 式は分散が $V(X) = \sigma^2$ （標準偏差が σ）であることを表している．確率変数 X の密度関数が $f(x)$ であるとき，X は平均 μ, 標準偏差 σ の**正規分布** (normal distribution) に従うといい，$X \sim N(\mu, \sigma^2)$ と表す．

　正規分布の密度関数の形状は次の図のようである．平均 $x = \mu$ で最大値 $\dfrac{1}{\sqrt{2\pi}\,\sigma}$ をとり，直線 $x = \mu$ に関して対称である．また，標準偏差 σ が大きくなるほど，最大値は小さくなり，遠方での値が大きくなる（データの散らばりぐあいが大きくなることに対応する）．式 (5.40), (5.41) の証明は後回しにし，正規分布の応用例について紹介する．

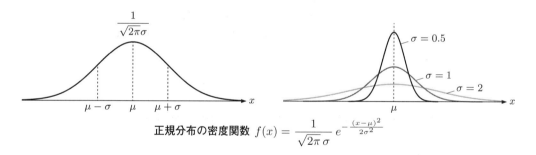

正規分布の密度関数 $f(x) = \dfrac{1}{\sqrt{2\pi}\,\sigma}\, e^{-\frac{(x-\mu)^2}{2\sigma^2}}$

　$\overset{\text{オメガ}}{\Omega}$ を集合とし，Ω の各要素 ω に対して，実数値 $\varphi(\omega)$ が定まっているものとする．すなわち，写像 $\varphi : \Omega \to \mathbb{R}$ が与えられているとする．例えば，Ω を人の集合とし，φ は各人に身長を対応させる写像とする．Ω からランダムに要素 ω を選ぶことによって得られる実数値 $\varphi(\omega)$ を確率変数 X と考えると，確率 $P(X \le x)$ は Ω のうちで $\varphi(\omega) \le x$ となる要素 ω の占める割合となる．X が正規分布に従うとき，(Ω, φ) が正規分布に従うという．

　自然現象や社会現象において観測される変量の分布には正規分布に近いものがある．よく挙げられる例は人の身長の分布である．**表 5.1** に，高校 3 年生女子（2018 年）の身長の相対度数を示す．文部科学省編「平成 30 年度学校保健統計調査報告書」のデータから作成した．もともと，

身長を四捨五入して整数値に直した上で該当する身長の人数を集計したデータである. 階級値 x_j (cm) には「$x_j - 0.5$ (cm) 以上 $x_j + 0.5$ (cm) 未満」の階級が対応する. 例えば,「階級値 158 (cm) の相対度数 0.0782」は「157.5 cm 以上 158.5 cm 未満の生徒の割合が 7.82 ％ であること」を表している.

表 5.1 高校 3 年生女子の身長の度数分布 (2018 年)

階級値	相対度数	階級値	相対度数	階級値	相対度数	階級値	相対度数
138	0.0001	149	0.0208	160	0.0724	171	0.0032
139	0.0001	150	0.0267	161	0.0610	172	0.0019
140	0.0001	151	0.0332	162	0.0507	173	0.0013
141	0.0007	152	0.0444	163	0.0455	174	0.0005
142	0.0006	153	0.0503	164	0.0374	175	0.0012
143	0.0007	154	0.0593	165	0.0306	176	0.0003
144	0.0026	155	0.0666	166	0.0219	177	0.0002
145	0.0030	156	0.0715	167	0.0163	178	0.0002
146	0.0045	157	0.0699	168	0.0122	179	0.0001
147	0.0091	158	0.0782	169	0.0084	180	0.0000
148	0.0131	159	0.0729	170	0.0059	181	0.0001

表 5.1 をヒストグラムで表すと,次のようになる. 曲線は,標本平均 $\mu = 157.8$ (cm),標本標準偏差 $\sigma = 5.3$ (cm) に対応する正規分布の密度関数を示している. このように身長の分布は正規分布に近い.

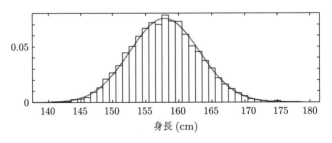

高校 3 年生女子の身長の分布 (2018 年)

比較のため,同じ高校 3 年生女子の体重の分布をヒストグラムで表すと,次のようになる. 曲線は,標本平均 $\mu = 52.9$ (kg),標本標準偏差 $\sigma = 7.7$ (kg) に対応する正規分布の密度関数を示している. 体重の分布は,モード(最頻値)を中心に左右対称ではなく,正規分布とは明らかに異なる分布になっている.

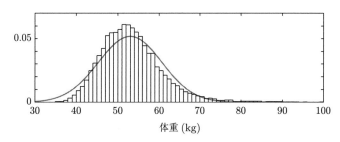

高校 3 年生女子の体重の分布（2018 年）

ここで次の問題を考えてみよう．解答は次の項で与える．

例題 5.5　ある高校の 3 年生女子の身長は，平均 157.8 cm，標準偏差 5.3 cm の正規分布に従うという．

(1) 身長が 150.5 cm 以上 160.5 cm 未満である学生の割合は 3 年生女子全体の何 % か．

(2) 3 年生女子を 1 人選んだとき，その学生の身長が 165.5 cm 以上である確率を求めよ．

▊ 標準化変換 ▊

正規分布を扱う際には，平均 μ，標準偏差 σ を用いた

$$z = \frac{x - \mu}{\sigma} \tag{5.42}$$

のような変数変換（置換）が，理論上も応用上も重要である．このとき，$\dfrac{dx}{dz} = \sigma$

より，$\alpha = \dfrac{a - \mu}{\sigma}, \beta = \dfrac{b - \mu}{\sigma}$ とおくと

x	$a \to b$
z	$\alpha \to \beta$

$$\int_a^b f(x)\,dx = \frac{1}{\sqrt{2\pi}\,\sigma} \int_\alpha^\beta e^{-\frac{z^2}{2}} \cdot \sigma\,dz = \frac{1}{\sqrt{2\pi}} \int_\alpha^\beta e^{-\frac{z^2}{2}}\,dz \tag{5.43}$$

が成り立つ．したがって，変数変換 (5.42) により，平均 μ，標準偏差 σ の正規分布に関する積分を，平均 0，標準偏差 1 の正規分布（**標準正規分布**と呼ばれる）に関する積分に直すことができる．変数変換 (5.42) を **標準化変換** と呼ぶ．

標準正規分布の積分値（の近似値）は，**正規分布表** と呼ばれる数表（本書の巻末）から求めることが多い．正規分布表は $\dfrac{1}{\sqrt{2\pi}} \displaystyle\int_0^u e^{-\frac{z^2}{2}}\,dz$ の値を表にまとめたもので，第 1 列（1 番左の縦のならび）の数値が u の小数点以下 1 桁めまでの値，第 1 行（1 番上の横のならび）の数値が u の小数点以下 2 桁めの値を表す．例えば，$u = 1.45$ での積分値は，1.4 の行（横のならび）と 0.05 の列（縦のならび）が交わったところの 0.4265 である．

u	0.00	0.01	0.02	0.03	0.04	0.05
0.0	0.0000	0.0040	0.0080	0.0120	0.0160	0.0199
⋮	⋮	⋮	⋮	⋮	⋮	⋮
1.3	0.4032	0.4049	0.4066	0.4082	0.4099	0.4115
1.4	0.4192	0.4207	0.4222	0.4236	0.4251	**0.4265**
1.5	0.4332	0.4345	0.4357	0.4370	0.4382	0.4394

$u = 1.45$ **に対する積分値**

解 **(例題 5.5)**　**(1)** $z = \dfrac{x - 157.8}{5.3}$ とおくと，$x = 150.5$ のとき，$z = -1.377358$ となる．小数点以下 3 桁めを四捨五入して，$z = -1.38$ とする．また，$x = 160.5$ のとき，$z = 0.509434$ となることから，$z = 0.51$ とする．標準化変換 (5.42) により，

$$\frac{1}{\sqrt{2\pi}\cdot 5.3}\int_{150.5}^{160.5} e^{-\frac{(x-157.8)^2}{2\cdot 5.3^2}}\,dx \fallingdotseq \frac{1}{\sqrt{2\pi}}\int_{-1.38}^{0.51} e^{-\frac{z^2}{2}}\,dz$$

となる．関数 $e^{-\frac{z^2}{2}}$ は偶関数であることから，この積分値は

$$\frac{1}{\sqrt{2\pi}}\int_{0}^{1.38} e^{-\frac{z^2}{2}}\,dz + \frac{1}{\sqrt{2\pi}}\int_{0}^{0.51} e^{-\frac{z^2}{2}}\,dz$$

と表され，正規分布表を用いて近似値を求めると，$0.4162 + 0.1950 = 0.6112$ となる．したがって，求める割合は 61% である．

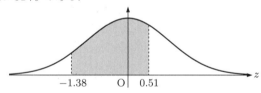

(2) 同じく $z = \dfrac{x - 157.8}{5.3}$ とおくと，$x = 165.5$ のとき，$z = 1.452830$ となることから，$z = 1.45$ とすると，

$$\frac{1}{\sqrt{2\pi}\cdot 5.3}\int_{165.5}^{\infty} e^{-\frac{(x-157.8)^2}{2\cdot 5.3^2}}\,dx \fallingdotseq \frac{1}{\sqrt{2\pi}}\int_{1.45}^{\infty} e^{-\frac{z^2}{2}}\,dz \qquad (5.44)$$

が成り立つ．$\dfrac{1}{\sqrt{2\pi}}\displaystyle\int_{0}^{\infty} e^{-\frac{z^2}{2}}\,dz = 0.5$ より，この積分の値は $0.5 - 0.4265 = 0.0735$ となり（次の図参照），これが求める確率となる．

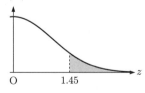

注意 5.1　**例題 5.5** の平均と標準偏差の値は，**表 5.1** のデータの標本平均 $\mu = 157.8$ (cm)，標本標準偏差 $\sigma = 5.3$ (cm) からとっている．**表 5.1** の 151 cm から 160 cm までの階級の相対度数の和が **(1)** の割合，161 cm 以上の階級の相対度数の和が **(2)** の確率に対応する．これらの和を計算して，上の解答の値と，ど

のぐらい一致するか見てみよう.

注意 5.2 **例題 5.5** の正規分布表を用いた（伝統的な）解答を示したが，例えば，現在，多くの C 言語（あるいは，C++ 言語）のコンパイラでサポートされている**誤差関数**

$$\mathrm{erf}\,x = \frac{2}{\sqrt{\pi}} \int_0^x e^{-t^2}\,dt$$

を用いると，標準正規分布の積分は，置換 $z = \sqrt{2}\,t$ により，

$$\frac{1}{\sqrt{2\pi}} \int_0^u e^{-\frac{z^2}{2}}\,dz = \frac{1}{\sqrt{2\pi}} \int_0^{\frac{u}{\sqrt{2}}} e^{-\frac{z^2}{2}} \cdot \sqrt{2}\,dt = \frac{1}{2}\,\mathrm{erf}\!\left(\frac{u}{\sqrt{2}}\right)$$

と表される. 正規分布表の使用は「学校教育の場」に限られるのかも知れない.

5.3.2　基本的な公式の証明

以下，(5.40), (5.41) の証明の概略について述べる. 標準化変換 (5.42) により，$\alpha = \dfrac{a-\mu}{\sigma}$，$\beta = \dfrac{b-\mu}{\sigma}$ について，

$$\int_a^b f(x)\,dx = \frac{1}{\sqrt{2\pi}} \int_\alpha^\beta e^{-\frac{z^2}{2}}\,dz \tag{5.45}$$

が成り立ち，$a \to -\infty$ のとき $\alpha \to -\infty$，$b \to \infty$ のとき $\beta \to \infty$ となることから，$f(x)$ が $(-\infty, \infty)$ 上広義積分可能であることは，$e^{-\frac{z^2}{2}}$ が $(-\infty, \infty)$ 上広義積分可能であることから示される. 関数 $e^{-\frac{z^2}{2}}$ の広義積分可能性は，例えば，$|z| \geq 2$ のとき，$z^2/2 \geq |z|$ が成り立つことから，e^{-z} が $[2, \infty)$ における優関数，e^z が $(-\infty, 2]$ における優関数となることを用いて，**定理 5.2** により示される.

変数変換 (5.42) により，

$$\int_a^b (x-\mu)\,f(x)\,dx = \frac{\sigma}{\sqrt{2\pi}} \int_\alpha^\beta z\,e^{-\frac{z^2}{2}}\,dz \tag{5.46}$$

$$\int_a^b (x-\mu)^2\,f(x)\,dx = \frac{\sigma^2}{\sqrt{2\pi}} \int_\alpha^\beta z^2\,e^{-\frac{z^2}{2}} \tag{5.47}$$

が得られ，(5.40), (5.41) は

$$\frac{1}{\sqrt{2\pi}} \int_{-\infty}^\infty e^{-\frac{z^2}{2}}\,dz = 1 \tag{5.48}$$

$$\frac{1}{\sqrt{2\pi}} \int_{-\infty}^\infty z\,e^{-\frac{z^2}{2}}\,dz = 0, \quad \frac{1}{\sqrt{2\pi}} \int_{-\infty}^\infty z^2\,e^{-\frac{z^2}{2}}\,dz = 1 \tag{5.49}$$

から導かれる. このうち，(5.48) は，基本的な公式

$$\int_0^\infty e^{-t^2}\,dt = \frac{\sqrt{\pi}}{2} \tag{5.50}$$

から，$z = \sqrt{2}\,t$ の置換により示される. 公式 (5.50) は重積分（2 変数関数の積分）を用いて示されることが多い. 重積分を学んでから勉強するのが適当と思われるが，参考までに，下に重積分を用いない（微分と積分の交換可能性を既知とした）証明を示しておく.

(5.49) の第 1 式は計算で示される.

$$\int_{-\infty}^{\infty} z\,e^{-\frac{z^2}{2}}\,dz = \lim_{L\to\infty,\,R\to\infty}\int_{-L}^{R} z\,e^{-\frac{z^2}{2}}\,dz$$

$$= \lim_{L\to\infty,\,R\to\infty}\left[-e^{-\frac{z^2}{2}}\right]_{-L}^{R} = 0$$

また，$z^2\,e^{-\frac{z^2}{2}} = z\cdot z\,e^{-\frac{z^2}{2}} = z\left(-e^{-\frac{z^2}{2}}\right)'$ のように書き直して，部分積分で変形すると，

$\displaystyle\int_{-\infty}^{\infty} z^2\,e^{-\frac{z^2}{2}}\,dz = \int_{-\infty}^{\infty} e^{-\frac{z^2}{2}}\,dz$ が成り立ち，第 2 式は (5.48) から導かれる．

証明（公式 (5.50)）　$x \geq 0$ で定義された関数

$$f(x) = \left(\int_0^x e^{-t^2}\,dt\right)^2 + \int_0^1 \frac{e^{-(1+u^2)x^2}}{1+u^2}\,du \tag{5.51}$$

を考える．$x > 0$ のとき，

$$f'(x) = 2\left(\int_0^x e^{-t^2}\,dt\right)\cdot\frac{d}{dx}\left(\int_0^x e^{-t^2}\,dt\right) + \int_0^1 \frac{d}{dx}\left(\frac{e^{-(1+u^2)x^2}}{1+u^2}\right)du$$

$$= 2\left(\int_0^x e^{-t^2}\,dt\right)\cdot e^{-x^2} + \int_0^1 \frac{e^{-(1+u^2)x^2}}{1+u^2}\cdot\{-2(1+u^2)x\}\,du$$

$$= 2e^{-x^2}\int_0^x e^{-t^2}\,dt - 2\int_0^1 e^{-(x^2+x^2u^2)}x\,du \quad (t = xu\ \text{と置換})$$

$$= 2e^{-x^2}\int_0^x e^{-t^2}\,dt - 2e^{-x^2}\int_0^x e^{-t^2}\,dt = 0$$

となることから，$f(x)$ は $x \geq 0$ 上定数である．また，

$$f(0) = \int_0^1 \frac{du}{1+u^2} = \Big[\arctan u\Big]_0^1 = \frac{\pi}{4}$$

より，任意の $x \geq 0$ に対して，

$$\left(\int_0^x e^{-t^2}dt\right)^2 + \int_0^1 \frac{e^{-(1+u^2)x^2}}{1+u^2}\,du = \frac{\pi}{4} \tag{5.52}$$

が成り立つ．さらに，$0 \leq \dfrac{e^{-(1+u^2)x^2}}{1+u^2} \leq \dfrac{e^{-x^2}}{1+u^2} \leq e^{-x^2}$ より，

$$0 \leq \int_0^1 \frac{e^{-(1+u^2)x^2}}{1+u^2}\,du \leq \int_0^1 e^{-x^2}\,du = e^{-x^2}$$

が成り立ち，はさみうちの原理により，$\displaystyle\lim_{x\to\infty}\int_0^1 \frac{e^{-(1+u^2)x^2}}{1+u^2}\,du = 0$ となることから，

$$\lim_{x\to\infty}\left(\int_0^x e^{-t^2}\,dt\right)^2 = \frac{\pi}{4} \implies \lim_{x\to\infty}\int_0^x e^{-t^2}\,dt = \frac{\sqrt{\pi}}{2}$$

が得られる．　　　　　　　　　　　　　　　　　　　　　　　　　　　　　　**証明終**

5.3.3　ド・モアブル-ラプラスの定理

　以下では，p を $0 < p < 1$ を満たす実数とし，$q = 1-p$ とおく．確率変数 X のとりうる値が，$X = 0, 1, \ldots, n$ の整数であって，

$$P(X = k) = {}_n\mathrm{C}_k \, p^k q^{n-k} \quad (k = 0, 1, ..., n) \tag{5.53}$$

が成り立つとき，X は**二項分布** $B(n, p)$ に従うという．平均 $E(X)$，分散 $V(X)$ は，

$$E(X) = np, \quad V(X) = npq \tag{5.54}$$

で与えられる．例えば，1個のサイコロを 720 回振って 1 の目が出る回数を X とするとき，X が 100 以下の値をとる確率 $P(X \le 100)$ は

$$P(X \le 100) = \sum_{k=0}^{100} {}_{720}\mathrm{C}_k \left(\frac{1}{6}\right)^k \left(\frac{5}{6}\right)^{720-k} \tag{5.55}$$

と表される．ただし，${}_{720}\mathrm{C}_k = \dfrac{720!}{k!(720-k)!}$ に現れる 720! は 1746 桁の数であり，この式の値は，パソコンを用いても単純には求められない．

　高校数学「数学 B」では，(5.55) の近似値を求めるために「二項分布の正規分布による近似」を用いている．これは，「数学 B」の表現では，「二項分布 $B(n, p)$ に従う確率変数 X は，n が大きいとき，近似的に正規分布 $N(np, npq)$ に従う（二項分布 $B(n, p)$ は，同じ平均 np と分散 npq をもつ正規分布で近似できる）．」である．

　右の図は $B\left(30, \dfrac{1}{6}\right)$ の確率（黒丸の点の y 座標の値）に $N\left(30 \cdot \dfrac{1}{6}, 30 \cdot \dfrac{1}{6} \cdot \dfrac{5}{6}\right)$ の密度関数のグラフを重ねて描いたものである．確かに，二項分布の確率は，対応する正規分布の密度関数の値に近い値になっている．

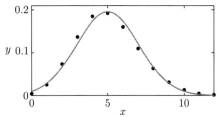

　1個のサイコロを 720 回振って 1 の目が出る回数 X は二項分布 $B\left(720, \dfrac{1}{6}\right)$ に従うことから，$720 \times \dfrac{1}{6} = 120$，$720 \times \dfrac{1}{6} \times \dfrac{5}{6} = 100 = 10^2$ より，近似的に，$N(120, 10^2)$ に従う．したがって，標準化変換した $Z = \dfrac{X - 120}{10}$ は近似的に標準正規分布 $N(0, 1)$ に従い，$P(X \le 100) = P(Z \le -2) = 0.5 - P(0 \le Z \le 2)$ が成り立つ．正規分布表を用いて，$P(X \le 100) = 0.5 - 0.4772 = 0.0228$ のように近似値[5]が求められる．

　一般に，X を二項分布 $B(n, p)$ に従う確率変数とし，標準化変換[6]

$$Z = \frac{X - np}{\sqrt{npq}} \tag{5.56}$$

で平均と分散を標準正規分布に合わせてみよう．確率変数 Z の分布関数 $F_n(x)$ は，次のように表される．x の範囲の区間の端点は，(5.56) に $X = 0, 1, ..., n$ に代入して得られる．また，関数値は二項分布の分布関数の関数値である．

---

[5] より正確な近似値は 0.023623284 となり，近似値 0.0228 は 8.23×10^{-4} ほど小さい．

[6] 標準化変換は，正規分布に限らず，どんな分布でも，平均を 0，分散を 1（したがって，標準偏差を 1）に直す．

$$
F_n(x) = \begin{cases}
0 & \left(x < \dfrac{-np}{\sqrt{npq}}\right) \\[3mm]
{}_nС_0\, p^0\, q^{n-0} & \left(\dfrac{-np}{\sqrt{npq}} \le x < \dfrac{1-np}{\sqrt{npq}}\right) \\[3mm]
\displaystyle\sum_{k=0}^{1} {}_nС_k\, p^k\, q^{n-k} & \left(\dfrac{1-np}{\sqrt{npq}} \le x < \dfrac{2-np}{\sqrt{npq}}\right) \\[3mm]
\vdots \qquad \vdots & \\[3mm]
\displaystyle\sum_{k=0}^{n-1} {}_nС_k\, p^k\, q^{n-k} & \left(\dfrac{n-1-np}{\sqrt{npq}} \le x < \dfrac{n-np}{\sqrt{npq}}\right) \\[3mm]
1 & \left(\dfrac{n-np}{\sqrt{npq}} \le x\right)
\end{cases}
\tag{5.57}
$$

上記の $p = \dfrac{1}{6}$ の場合について，$n = 10, 50, 100, 500$ として，この関数のグラフを標準正規分布の分布関数

$$
\Phi(x) = \frac{1}{\sqrt{2\pi}} \int_{-\infty}^{x} e^{-\frac{z^2}{2}}\, dz
\tag{5.58}
$$

のグラフと重ねて描くと，次のようになる．$F_n(x)$ の関数値の計算は

$$
\begin{aligned}
\log\!\left({}_nС_k\, p^k\, q^{n-k}\right) &= \log\varGamma(n+1) - \log\varGamma(k+1) - \log\varGamma(n-k+1) \\
&\quad + k\log p + (n-k)\log q
\end{aligned}
\tag{5.59}
$$

の変形を用いて行う．ここで，$\varGamma$ は**問題 5.1**，**問 4** のガンマ関数（整数 $n \ge 0$ について，$\varGamma(n+1) = n!$ が成り立つ）である．ガンマ関数の対数については，効率の良い計算法[7] が知られている．それにより，(5.59) を求めて，e の (5.59) 乗を計算して，${}_nС_k\, p^k\, q^{n-k}$ の値を求める．

　滑らかな曲線が (5.58) のグラフであり，階段状になっているのが，(5.57) のグラフである．各横線の左端が含まれ，右端は含まれない．分布関数について，

$$
\lim_{n\to\infty} F_n(x) = \Phi(x)
\tag{5.60}
$$

が成り立つこと（**ド・モアブル-ラプラスの定理**と呼ばれる）が見てとれるであろう．ド・モアブル-ラプラスの定理は中心極限定理[8]のもとになった重要な定理である．

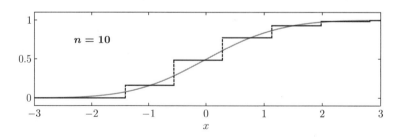

---

[7] 例えば，奥村晴彦，『[改訂新版] C 言語による標準アルゴリズム事典』（第 2 版），技術評論社，pp. 31-32. また，多くの C 言語や C++ 処理系で，ガンマ関数の対数を計算する関数 lgamma が数学関数として取り入れられている．

[8] ハンガリー出身の数学者ジョージ・ポリア (George Pólya, 1887-1985) によって，確率論の中心的な極限定理という意味で命名された．内容については，確率論の教科書参照．

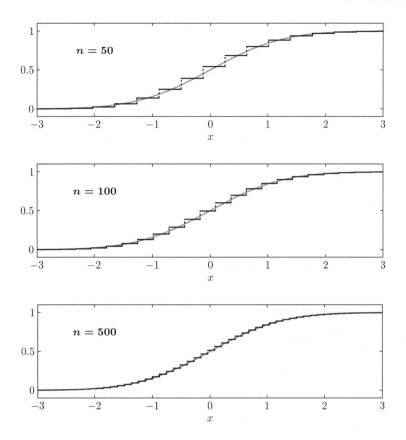

問1 $\beta \geq 0$ に対して，$\dfrac{1}{\sqrt{2\pi}} \displaystyle\int_{u_\beta}^{\infty} e^{-\frac{z^2}{2}} dz = \dfrac{\beta}{100}$ を満た

す u_β を標準正規分布の上側 β ％点という（右図）．例

えば，上側 20％点 u_{20} の近似値は，次のように求め

られる．

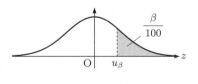

$$\frac{1}{\sqrt{2\pi}} \int_{u_{20}}^{\infty} e^{-\frac{z^2}{2}} dz = \frac{20}{100} = 0.2 \quad \Longrightarrow \quad \frac{1}{\sqrt{2\pi}} \int_{0}^{u_{20}} e^{-\frac{z^2}{2}} dz = 0.5 - 0.2 = 0.3$$

正規分布表から，積分値が 0.3 に最も近い u の値を求めると，$u = 0.84$ である（積分値

0.2995，誤差 $|0.3 - 0.2995| = 0.005$）．$u = 0.84$ を 20％点 u_{20} の近似値とする．

同様な方法で，次の表の空欄を埋めよ．

β (%)	20	10	5	2.5	1
u_β	0.84				

問2 以下の問いに答えよ．

(1) μ と $\sigma > 0$ を定数とする．実数 b に対して，$\beta = \dfrac{b - \mu}{\sigma}$ とおくとき，次式が成り立

つことを示せ.

$$\frac{1}{\sqrt{2\pi}\,\sigma}\int_\mu^b e^{-\frac{(x-\mu)^2}{2\sigma^2}}\,dx \;=\; \frac{1}{\sqrt{2\pi}}\int_0^\beta e^{-\frac{z^2}{2}}\,dz \tag{5.61}$$

(2) ある海域に生息するシロナガスクジラの体長は，平均 26 m，標準偏差 4 m の正規分布に従うという．この海域で 500 頭のシロナガスクジラを捕獲したとき，体長 32 m 以上のものは約何頭いるか．小数点以下 1 桁めを四捨五入して整数で答えよ．

問 3 ある大学の 4 年生女子の身長は，平均 158.0 cm，標準偏差 5.2 cm の正規分布に従い，その中で，ユイは，高い方から 1 ％以内に入るという．ユイの身長は何 cm 以上と考えられるか．小数点以下 2 桁めを四捨五入して小数点以下 1 桁の小数で答えよ．

問 4 発芽率（発芽する確率）が 80 ％の種子を n 粒まいたとき，そのうちの X 粒が発芽するものとする．「二項分布の正規分布による近似」を用いて，以下の問いに答えよ．

(1) $n = 900$ のとき，700 粒以上が発芽する確率 $P(X \geq 700)$ を求めよ．

(2) 発芽する種子の割合 $\dfrac{X}{n}$ について，$P\left(\dfrac{X}{n} \geq 0.79\right) \geq 0.9$ が成り立つ最小の整数 n を求めよ．

付録 A

課題学習

　以下に，課題学習のための課題を 3 つ挙げる．課題学習といっても，「模範解答」は想定していない．むしろ「模範解答」がなさそうな問題をあえて選んだといったほうがいいだろう．説明にとらわれないで自由に考えてもらいたい．

A.1　極限 $\displaystyle\lim_{\theta\to0}\frac{\sin\theta}{\theta}=1$ の証明は循環論法か？

　多くの「数学 III」の教科書では，以下のように $\displaystyle\lim_{\theta\to0}\frac{\sin\theta}{\theta}=1$ を証明している．

　$0<\theta<\dfrac{\pi}{2}$ とし，半径が r，中心角が θ である扇形 OAB を考える．点 A における円の接線と直線 OB との交点を C とすると，面積に関して，不等式

$$\triangle\,\mathrm{OAB} \ < \ 扇形\,\mathrm{OAB} \ < \ \triangle\,\mathrm{OAC} \tag{A.1}$$

が成り立つ．

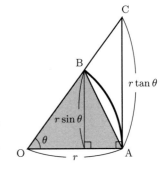

　$\triangle\,\mathrm{OAB}$ の面積は $\dfrac{1}{2}\,r^2\sin\theta$，$\triangle\,\mathrm{OAC}$ の面積は $\dfrac{1}{2}\,r^2\tan\theta$ である．また，**半径 r の円の面積は πr^2 である**から，扇形 OAB の面積は

$$\pi r^2\times\frac{\theta}{2\pi} \ = \ \frac{1}{2}\,r^2\theta \tag{A.2}$$

となる．したがって，

$$\frac{1}{2}\,r^2\sin\theta \ < \ \frac{1}{2}\,r^2\theta \ < \ \frac{1}{2}\,r^2\tan\theta \tag{A.3}$$

が成り立ち，各辺を $\dfrac{1}{2}\,r^2\sin\theta$ で割って，逆数をとると，

$$1 \ > \ \frac{\sin\theta}{\theta} \ > \ \cos\theta \tag{A.4}$$

が得られる．ここで，$\theta\to+0$ とすると，はさみうちの原理により，$\displaystyle\lim_{\theta\to+0}\frac{\sin\theta}{\theta}=1$ が成り立つ．

　関数 $\sin\theta$ は奇関数 $(\sin(-\theta)=-\sin\theta)$ であることから，$\displaystyle\lim_{\theta\to-0}\frac{\sin\theta}{\theta}=1$ が示され，$\displaystyle\lim_{\theta\to0}\frac{\sin\theta}{\theta}=1$ が証明される．

> この証明法には「循環論法の疑いがある」という根強い批判がある．

例えば，太字で表した「半径 r の円の面積は πr^2 である」の証明に，$\displaystyle\lim_{\theta \to 0} \frac{\sin\theta}{\theta} = 1$ が使われるという主張がある．

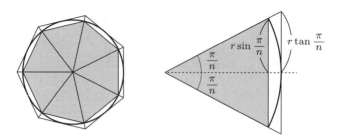

円に内接する正 n 角形と外接する正 n 角形を考えると，ともに頂角が $\dfrac{2\pi}{n}$ の二等辺三角形が n 個集まったものである．二等辺三角形の面積は，内接するほうが，$r^2 \cos\dfrac{\pi}{n} \sin\dfrac{\pi}{n}$，外接するほうが，$r^2 \tan\dfrac{\pi}{n}$ となることから，円の面積を S とすると，

$$n\,r^2 \cos\frac{\pi}{n} \sin\frac{\pi}{n} \;<\; S \;<\; n\,r^2 \tan\frac{\pi}{n} \tag{A.5}$$

が成り立つ．S をはさむ両辺が $n \to \infty$ の極限で πr^2 となることから，半径 r の円の面積が πr^2 となることが示されるが，通常，両辺の極限が πr^2 となることは $\displaystyle\lim_{\theta \to 0} \frac{\sin\theta}{\theta} = 1$ を用いた次の極限から示される．

$$n \sin\frac{\pi}{n} \;=\; \pi \cdot \frac{n}{\pi} \sin\frac{\pi}{n} \;=\; \pi \cdot \frac{\sin\dfrac{\pi}{n}}{\dfrac{\pi}{n}} \;\to\; \pi \quad (n \to \infty) \tag{A.6}$$

$\boxed{\text{課題}}$ 多くの「数学 Ⅲ」の教科書で用いられている $\displaystyle\lim_{\theta \to 0} \frac{\sin\theta}{\theta} = 1$ の証明は循環論法であるという批判をどう考えるか．例えば，循環論法ではないと考えるのならば，そう考える根拠を示そう．循環論法であると考えるのならば，証明をどう直したらよいか，代案を提示してみよう．

A.2　身長の分布は本当に正規分布か？

第 5 章で取り上げた 2018 年の高校 3 年生女子の身長の分布（**表 5.1**）を考えよう．第 5 章では，身長の分布は正規分布に近いとしたが，ここでは，そのことを，より精密に考えてみることにする．階級値 x_j に対応する相対度数を f_j とし，$\xi_j = x_j + \dfrac{1}{2}$（階級幅の右端）とおくと，$f_j$ は「ξ_{j-1} 以上 ξ_j 未満」の生徒の割合である．μ を標本平均 $\mu = \displaystyle\sum_{j=1}^{n} x_j f_j$，$\sigma$ を標本標準偏差 $\sigma = \left(\displaystyle\sum_{j=1}^{n} (x_j - \mu)^2 f_j\right)^{1/2}$ とし（$\mu = 157.81,\ \sigma = 5.29$ である），相対度数 f_j と平均 μ，標準偏差 σ の正規分布の「ξ_{j-1} 以上 ξ_j 未満」の割合との差

$$\epsilon_j = f_j - \frac{1}{\sqrt{2\pi}\,\sigma} \int_{\xi_{j-1}}^{\xi_j} e^{-\frac{(x-\mu)^2}{2\sigma^2}} dx \tag{A.7}$$

をヒストグラムで表すと，次のようになる．誤差の大きさは，最大でも 0.004 程度なので，全体的には，身長の分布が，正規分布でよく近似されていると考えられる．

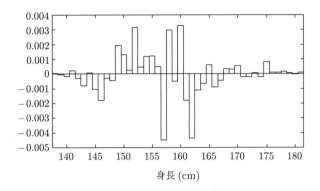

しかし，平均から離れた部分（140 cm 付近や 180 cm 付近）に関しては，もともと割合が非常に小さいので，(A.7) の差の大きさが小さいからといって，正規分布によく合っているとは断定しがたい．そこで，以下のように正規分布との一致性を調べてみる．

標準正規分布の分布関数を Φ とする．すなわち，

$$\Phi(u) = \frac{1}{\sqrt{2\pi}} \int_{-\infty}^{u} e^{-\frac{z^2}{2}} \, dz \tag{A.8}$$

とすると，Φ は $\mathbb{R}$ から $(0, 1)$ への全単射を定める．標準正規分布の対称性により，逆関数 $\Phi^{-1} : (0, 1) \to \mathbb{R}$ は

$$\Phi^{-1}(\alpha) = -\Phi^{-1}(1 - \alpha) \tag{A.9}$$

を満たす．さらに，$\dfrac{1}{2} \le \alpha < 1$ に対して，

$$\Phi^{-1}(\alpha) \fallingdotseq z - \frac{c_0 + c_1 z + c_2 z^2}{1 + d_1 z + d_2 z^2 + d_3 z^3} \ , \quad z = \sqrt{-2 \log(1 - \alpha)}$$

$$c_0 = 2.515517, \quad c_1 = 0.802853, \quad c_2 = 0.010328$$

$$d_1 = 1.432788, \quad d_2 = 0.189269, \quad d_3 = 0.001308$$

のように近似されることが知られている．上の (A.9) と合わせると，任意の $\alpha \in (0, 1)$ に対する $\Phi^{-1}(\alpha)$ の近似が得られる．

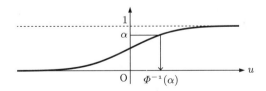

$g_j = \sum_{k=1}^{j} f_k$ （相対累積度数）とし（下の左の図参照），$\left(\Phi^{-1}(g_j), \xi_j\right)$ を xy 平面上にプロット

とすると，**正規 Q-Q プロット** (normal quantile-quantile plot) と呼ばれる図が得られる．相対
累積度数 g_j が，平均 μ，標準偏差 σ の正規分布から，

$$\frac{1}{\sqrt{2\pi}\,\sigma} \int_{-\infty}^{\xi_j} e^{-\frac{(x-\mu)^2}{2\sigma^2}}\,dx = g_j \quad \Longrightarrow \quad \Phi\left(\frac{\xi_j - \mu}{\sigma}\right) = g_j \tag{A.10}$$

のように与えられる場合には，$\Phi^{-1}(g_j) = \dfrac{\xi_j - \mu}{\sigma}$ となることから，点 $\left(\Phi^{-1}(g_j), \xi_j\right)$ は直線
$y = \sigma x + \mu$ 上に並ぶ．このことから，正規 Q-Q プロットが直線に近いほど，分布が正規分布に
近いと考えられる．

　実際に，高校3年生女子の身長のデータについて，正規 Q-Q プロットを求めると，次の右図の
ようになる．グレーの線が正規分布から得られる直線 $y = \sigma x + \mu$ を示している．逆関数の計算
には，上で述べた近似計算法を用いている．おおむね直線に重なっているが，身長の高い部分に
若干のずれが見られる．直線の上方にずれていることから，長身の生徒が正規分布から想定され
る割合よりも多くいることになる．

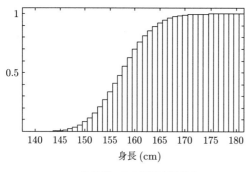

身長データの累積度数分布

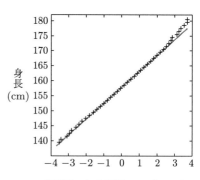

身長データの正規 Q-Q プロット

　正規分布からのずれを見るために，**歪度** (skewness) γ と**尖度** (kurtosis) κ という量が使われ
る．いまの場合，

$$\gamma = \frac{\sum_{j=1}^{n}(x_j - \overline{x})^3 f_j}{\sigma^3}, \quad \kappa = \frac{\sum_{j=1}^{n}(x_j - \overline{x})^4 f_j}{\sigma^4} - 3 \tag{A.11}$$

のように計算される．歪度は，平均に関して対称に分布する対称からのずれを，尖度は分布の「す
そ (tail) の長さ」を表す量だとされ，正規分布の場合，ともに0となる．密度関数の遠方での減
衰の仕方が緩やかであるほど，「すそが長い」分布であるといわれる．

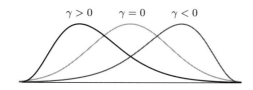

例えば，密度関数が，$\alpha > 0$ をパラメータとする

$$f_\alpha(x) = \frac{1}{2\alpha^{1/\alpha-1}\,\Gamma(1/\alpha)}\,e^{-\frac{|x|^\alpha}{\alpha}} \quad (-\infty < x < \infty) \tag{A.12}$$

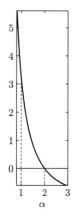

で与えられる分布※1について，尖度は

$$\kappa = \frac{\Gamma(1/\alpha)\Gamma(5/\alpha)}{\Gamma(3/\alpha)^2} - 3 \tag{A.13}$$

となり，$\alpha > 0$ に関して単調減少な関数となる（右図）.

高校3年生女子の身長のデータについて，歪度と尖度を計算すると，

$$\gamma = 0.097270, \quad \kappa = 0.052186 \tag{A.14}$$

となる．両方とも比較的0に近いので，身長データは，正規分布から著しくずれているとはいえない.

課題 政府統計の総合窓口 (e-Stat) のホームページ (`https://www.e-stat.go.jp`) には，1977（昭和52）年からの「学校保健統計調査」の身長分布のデータが掲載されている．上を参考にして（あるいは，参考にしなくてもよいので）身長の分布を正規分布と考えてよいか調べて**みやー**.

A.3 伝染病の感染者数を予測できるか？

2019年12月に中国武漢での発生が報告された新型コロナウイルス (SARS-CoV-2) による感染症 (COVID-19) は世界中に広がった．日本の初期の COVID-19 対策を主導した西浦博教授（感染防止のため，人と人との接触を8割減らすことを提言し，「8割おじさん」と呼ばれた）による記事

西浦博，「8割おじさん」の数理モデル，Newsweek ニューズウィーク日本版（2020年6月9日号），pp. 18–23.

を参考にして，感染症の数理モデルについて紹介する.

■基本的な数理モデル■ ある地域における伝染病の流行を考える．感受性者（susceptible, 未感染で感染の可能性のある人）は感染者との接触により感染して感染者 (infected) となり，感染者はある時間を経て除去者（removed, 治癒して免疫を獲得した人，あるいは，治癒せず死亡した人）となる．住民を感受性者，感染者，除去者に分けて考える伝染病の数理モデルを **SIR モデル** という.

他の地域との行き来や出生・（伝染病以外での）死亡による人口の増減は考えない．時刻 t にお

※1 一般誤差分布と呼ばれる．Γ はガンマ関数 $\Gamma(x) = \int_0^\infty e^{-t}t^{x-1}dt$ を表す．特に，$\alpha = 2$ のときが，標準正規分布であり，$\alpha = 1$ のとき，すなわち，密度関数が $f(x) = \frac{1}{2}e^{-|x|}$ のときは，両側指数分布と呼ばれる.

ける感受性者数を $S(t)$, 感染者数を $I(t)$, 除去者数を $R(t)$ とするとき, 伝染病の流行は, 次の微分方程式によってモデル化される. 1920 年代から 30 年代にかけて伝染病流行の数理モデルを研究したカーマック (W. O. Kermack, 1898-1970) とマッケンドリック (A. G. McKendrick, 1876-1943) にちなんで, **カーマック・マッケンドリックのモデル** と呼ばれることがある.

$$\frac{dS}{dt} = -\gamma R_0 \frac{S}{N} I$$

$$\frac{dI}{dt} = \gamma R_0 \frac{S}{N} I - \gamma I \tag{A.15}$$

$$\frac{dR}{dt} = \gamma I$$

以下, 時間の単位を日 (day) として説明する. 微分 dS/dt, dI/dt, dR/dt は単位時間あたりの変化量であることから, 1 日あたりの増減を表す. γ は平均感染性期間の逆数で与える. COVID-19 の場合, $\gamma = 1/4.8$ とする. 感染性期間とは, 感受性者が感染者になって除去者に変わるまでの時間をいう. SIR モデルでは, この間, 感染力が持続するものとする.

γ が平均感染性期間の逆数で与えられることは, 直観的には, 次のように説明される. 簡単のため, すべての感染者が一定期間, 例えば, 感染後ちょうど 4.8 日で除去者に変わるものとする. ある時刻に注目すると, その時刻での感染者は,「4.8 日前」以降の 4.8 日間に感染した人であり, そのうち,「1 日後」までに除去者に変わるのは,「4.8 日前」から「3.8 日前」までの 1 日で感染した人である (図の感染者 A). どの時刻も感染する人数は, ほぼ同じであるとすると, 1 日に感染者から除去者に変わる人の割合 ($-1/I \cdot dI/dt$) は 1/4.8, 一般には, $1/\gamma$ となる.

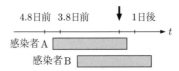

また, N は全住民数で, 微分方程式 (A.15) の解について, $S(t)+I(t)+R(t) = N$ が常に成り立つ. 実際, $\dfrac{d}{dt}\Big(S(t)+I(t)+R(t)\Big) = S'(t)+I'(t)+R'(t) = -\gamma R_0 \dfrac{S}{N} I + \Big(\gamma R_0 \dfrac{S}{N} I - \gamma I\Big) + \gamma I$ $= 0$ より, $S(t)+I(t)+R(t)$ は定数であり, その値は全住民数 N となる.

第 1 式と第 2 式の右辺に現れる $\gamma R_0(S/N)I$ の項は, 1 日あたりに感受性者が感染者に変わる (つまり, 未感染者が感染する) 人数を表している. 特に, $\gamma R_0(S/N)$ の部分は, 1 日あたりに 1 人の感染者が未感染者を感染させる人数を表す. それは, 感受性者の割合 S/N に比例し, 比例定数が γR_0 であるとしている. 定数 R_0 (R zero ではなくて, R naught と読むらしい) は**基本再生産数** (basic reproduction number) と呼ばれ,「(感受性者の割合が 100 % である) 感受性者の集団の中におかれた 1 人の感染者が感染性期間中に感受性者を感染させる平均人数」のように説明される (γR_0 は R_0 に γ をかけている, すなわち, 感染性期間で割っているので,「1 日あたり」の数になっている). ただし, さまざまな要因を 1 つの定数に集約している面があり (もともとの生活習慣の違いで R_0 の値は変わり, マスク着用や外出自粛によって, R_0 の値を下げることも可能), 解釈が難しい. 定量化 (具体的な値を定めること) も現実には難しいと思われる.

■**モデルの数値計算と解析**■ 上記文献にならって, $R_0 = 2.5$ とし, 初期条件

$$S(0) = 127443483, \quad I(0) = 10, \quad R(0) = 0 \tag{A.16}$$

(1億2744万人中に10人の感染者がいる)を用いて, 数値計算(ルンゲ・クッタ法, プログラム例参照)により, 微分方程式 (A.15) の解を求めると, 次のようになる.

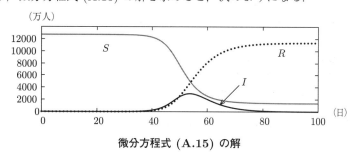

微分方程式 (A.15) の解

感染者数は最高で2975万人に達し(53日目), 最終的にまったく感染しないで感受性者のまま残るのは, 1370万人ほどである. 残りの1億1370万人(全体の89%)は1度は感染する計算になる.

```
1   /* ルンゲ・クッタ法のプログラム例 */
2   #include <stdio.h>
3   #include <math.h>
4   #define M_STEP 10001 /* ステップ数の上限 + 1 */
5   #define N_var 3 /* 変数の数 */
6   #define T_s 0.0
7   #define T_e 100.0
8   #define Gamma 0.20833333333
9   #define R0 2.5
10  #define N 127443493.0
11
12  void func(double t, double x[], double f[]) /* f(t, x) を定義する */
13  {
14      double lambda;
15      lambda = Gamma*R0/N*x[1];
16      f[0] = - lambda*x[0];
17      f[1] = lambda*x[0] - Gamma*x[1];
18      f[2] = Gamma*x[1];
19  }
20
21  void initialize(double x[]) /* 初期値を与える */
22  {
23      x[0] = N - 10.0; x[1] = 10.0; x[2] = 0.0;
24  }
25
26  int main()
27  {
28      int n, i, n_step;
29      double h, t[M_STEP],
30              x[M_STEP][N_var], /* 解の近似値 */
```

```
31              fk1[N_var], fk2[N_var], fk3[N_var], fk4[N_var],
32              y[N_var], liap, liap0; /* 中間変数 */
33
34      initialize(x[0]); /* 初期条件の設定 */
35      n_step = 1000;
36      h = (T_e - T_s)/n_step;
37      for ( n=0; n < n_step; n++ ) /* ルンゲ・クッタ法の計算 */
38      {
39          t[n] = T_s + n*h;
40          func(t[n], x[n], fk1);
41          for ( i=0; i < N_var; i++ )
42          {
43              y[i] = x[n][i] + 0.5*h*fk1[i];
44          }
45          func(t[n] + 0.5*h, y, fk2);
46          for ( i=0; i < N_var; i++ )
47          {
48              y[i] = x[n][i] + 0.5*h*fk2[i];
49          }
50          func(t[n] + 0.5*h, y, fk3);
51          for ( i=0; i < N_var; i++ )
52          {
53              y[i] = x[n][i] + h*fk3[i];
54          }
55          func(t[n] + h, y, fk4);
56          for ( i=0; i < N_var; i++ )
57          {
58              x[n+1][i] = x[n][i] + h*(fk1[i] + 2.0*fk2[i]
59                              + 2.0*fk3[i] + fk4[i])/6.0;
60          }
61      }
62      for(i = 0; i < N_var; i++ ) /* x(T_e) を出力 */
63      {
64          printf("x_%d(%f) = %f\n", i, T_e, x[n_step][i]);
65      }
66      return 0;
67  }
```

また, $(S(t), I(t))$ $(t \geq 0)$ は，媒介変数 t を用いて表した S-I 平面内の曲線と考えられる（**解軌道**という）．上の計算の場合について，この曲線を表示すると，次のようになる．

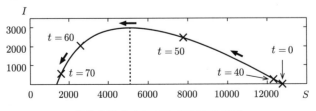

微分方程式 (A.15) の解軌道の例

この曲線は，簡単な式で表される．微分方程式 (A.15) の解に対して，

$$\varphi(t) \ = \ S(t) + I(t) - \frac{N}{R_0} \log S(t) \tag{A.17}$$

とおくと，(A.15) の第 1 式は，$\dfrac{N}{R_0} \dfrac{1}{S(t)} \dfrac{dS}{dt} = -\gamma I(t)$ と書き直されることから，

$\varphi'(t) = S'(t) + I'(t) - \dfrac{N}{R_0} \dfrac{S'(t)}{S(t)} = -\gamma R_0 \dfrac{S}{N} I + \left(\gamma R_0 \dfrac{S}{N} I \ - \ \gamma I \right) + \gamma I = 0$ が成り立ち，

$\varphi(t)$ は定数である．したがって，$\varphi(0) = C$（定数）とおくと，曲線は

$$I \ = \ \frac{N}{R_0} \log S - S + C \tag{A.18}$$

と表される．感染者数 I を感受性者数 S の関数とみなして微分すると，$\dfrac{dI}{dS} = \dfrac{N}{R_0} \dfrac{1}{S} - 1$ となることから，$S = N/R_0$ のとき，I は最大となる．

　感染症のニュースでは，感染者数が強調されがちであるが，感染症の流行を考える上で重要なのは，感染者数ではなく，感受性者数である．初期値が変わると，定数 C の値が変わるが，(A.18)の曲線は上下するだけで形は変わらない．したがって（**矢印の向きに注意！**），次のことがいえる．

$$S > N/R_0, \ \text{すなわち，} I + R < N \left(1 - 1/R_0 \right) \ \text{ならば，感染は拡大}$$
$$S < N/R_0, \ \text{すなわち，} I + R > N \left(1 - 1/R_0 \right) \ \text{ならば，感染は縮小} \tag{A.19}$$

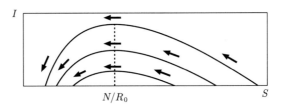

微分方程式 (A.15) の解軌道群

　基本再生産数が $R_0 < 1$ を満たすならば，(A.19) の第 1 の場合は（条件が $S > N$ となって）起こりえない．つまり，感染の拡大は起こらない．西浦教授は，数理モデルに基づいて，早期に終息させるためには $R_0 = 0.5$ とすることが必要であると説いた．人と人との接触を p $(0 \leq p \leq 1)$ の割合だけ低減すれば，R_0 は $R_0(1-p)$ に変わる．したがって，$R_0 = 2.5$ を $R_0 = 0.5$ とするためには，$2.5(1-p) = 0.5$ より，$p = 0.8$ の低減が必要となる．これが「8 割減」の根拠である．

　$R_0 = 2.5$ のままの場合，$1/2.5 = 0.4$ であるから，感受性者数が全体の 40 ％以下，つまり（感染したか，あるいは，予防接種などで）免疫をもった人が全体の 60 ％以上になれば感染は拡大しないことになる（逆にいうと，そうならないと，感染拡大の危険性はなくならない）．ある集団において，免疫をもった人の割合が感染拡大が起こらない程度になったとき，**集団免疫** (herd immunity) が達成されたという．

■**「8 割おじさん」の数理モデル**■　西浦教授は，全住民を年齢によって，子ども（child，0〜14 歳），成人（adult，15〜64 歳），高齢者（elder，65 歳〜）の 3 つの世代に分けて，SIR モデルを考えている．それぞれの人数を N_c, N_a, N_e $(N_c + N_a + N_e = N)$ のように表す．特に，以

下の I は $I = I_c + I_a + I_e$（感染者の総数）である.

$$\frac{dS_c}{dt} = -\beta_c S_c I \qquad \frac{dS_a}{dt} = -\beta_a S_a I \qquad \frac{dS_e}{dt} = -\beta_e S_e I$$

$$\frac{dI_c}{dt} = \beta_c S_c I - \gamma I_c \qquad \frac{dI_a}{dt} = \beta_a S_a I - \gamma I_a \qquad \frac{dI_e}{dt} = \beta_e S_e I - \gamma I_e \quad \text{(A.20)}$$

$$\frac{dR_c}{dt} = \gamma I_c \qquad \frac{dR_a}{dt} = \gamma I_a \qquad \frac{dR_e}{dt} = \gamma I_e$$

ここで,

$$\beta_c = \frac{\gamma R_0 \alpha_c}{N_c}, \quad \beta_a = \frac{\gamma R_0 \alpha_a}{N_a}, \quad \beta_e = \frac{\gamma R_0 \alpha_e}{N_e} \tag{A.21}$$

であり, 具体的な定数値として, $\gamma = 1/4.8$, $R_0 = 2.5$, $N_c = 15758424$, $N_a = 76499828$, $N_e = 35185241$ と次が用いられている.

$$\alpha_c = 0.009, \ \alpha_a = 0.630, \ \alpha_e = 0.361 \quad (\alpha_c + \alpha_a + \alpha_e = 1) \tag{A.22}$$

感受性者数の減少（感染者数の増加）が単純に「感染者数の割合」だけに比例するならば, $\beta_c = \beta_a = \beta_e = \gamma R_0 / N$ となるはずである. これを, (A.21) と類似の形に表すと,

$$\beta_c = \frac{\gamma R_0}{N_c} \cdot \frac{N_c}{N}, \quad \beta_a = \frac{\gamma R_0}{N_a} \cdot \frac{N_c}{N}, \quad \beta_e = \frac{\gamma R_0}{N_e} \cdot \frac{N_c}{N} \tag{A.23}$$

となり, 各世代の人口比は $N_c/N = 0.124$, $N_a/N = 0.600$, $N_e/N = 0.276$ となる. 武漢で収集されたデータをもとに, この割合を実際の世代別の患者数に合うように調整したものが (A.22) であるという.

　以下に, 西浦教授のモデルと (A.21) の代わりに (A.23) を用いた場合の数値結果を示す. 横軸が時間（日）, 縦軸が人数（万人）である. 初期条件は「成人の感染者が 10 人」としている. I_c はかなり異なるが, I_a, I_e には類似性が見られる. なお, 数値実験は内田美月さん（2021 年卒業. ほとんどの授業がオンラインで行われた頃, ゼミの 4 年生だった.）にお手伝い頂いた.

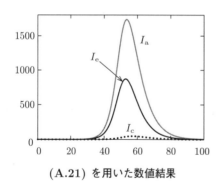

(A.21) を用いた数値結果

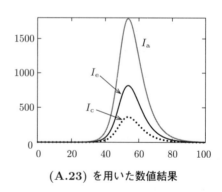

(A.23) を用いた数値結果

課題 伝染病流行に関しては, 他にもいろいろな数理モデルが考えられている. そうしたモデルを使って, 具体的な感染症について, 感染者数の予測を行ってみよう.

付録 $\mathbf{B}$

問 題 解 答

第 1 章

1.1

問 1. (1) $x^3 - 4x^2 + 5x - 2 = (x-1)(x^2 - 3x + 2) = (x-1)^2(x-2) = 0$ より，$x = 1, 2$.
したがって，$A = \{1, 2\}$ と表される.

(2) $3y = 64 - 5x$. $64 - 5x > 0$ より，$x < 64/5 = 12.8$. $x = 1, 2, \ldots, 11, 12$ を $64 - 5x$ に
代入すると，順に $64 - 5x = 59, 54, 49, 44, 39, 34, 29, 24, 19, 14, 9, 4$. このうち，3 の倍数に
なるのは，$x = 2$ のときの 54 と $x = 5$ のときの 39 と $x = 8$ のときの 24 と $x = 11$ のときの 9.
したがって，$B = \{(2, 18), (5, 13), (8, 8), (11, 3)\}$ と表される.

問 2. $z \in A$ ならば $z = 36x + 60y$ $(x, y$ は整数$)$ と表せる. $z = 12(3x + 5y)$ と書き直され，
$3x + 5y$ は整数であることから，$z \in B$. したがって，$A \subset B$ が成り立つ. 一方，$z \in B$ ならば，
$z = 12n$ $(n$ は整数$)$ と表される. さらに，$n = 3 \cdot (2n) + 5 \cdot (-n)$ と書けることから，$x = 2n$,
$y = -n$ とおくと，$z = 12n = 12\{3 \cdot (2n) + 5 \cdot (-n)\} = 36x + 60y$ と表される. したがって，
$z \in A$ となり，$B \subset A$ が成り立つ. 以上により，$A = B$ が成り立つ.

問 3. ② とド・モルガンの法則により，$A^c \cap B = (A \cup B^c)^c = \{4, 5, 9\}$. これと ① を合わせ
て，$A^c = (A^c \cap B) \cup (A^c \cap B^c) = \{1, 3\} \cup \{4, 5, 9\} = \{1, 3, 4, 5, 9\}$ が得られる. したがっ
て，$A = U - A^c = \{2, 6, 7, 8\}$ である.

参考 $A^c \cap B = \{4, 5, 9\}$ より，4, 5, 9 は B の要素である. また，①より，1, 3 は B の要素ではない. そ
れ以外の要素，すなわち，A の要素 2, 6, 7, 8 は，B に含まれていてもいなくてもよいので，条件を満たす
B は全部で $2^4 = 16$ 個ある.

問 4. (1) $A = \{(1, 1), (1, 2), (1, 3), (1, 4), (2, 1), (2, 2), (2, 3), (3, 1), (3, 2), (4, 1)\}$

(2) $P(A) = 10/(6 \times 6) = 5/18$ **(3)** $P(B) = (3 \times 3)/(6 \times 6) = 1/4$

(4) $A \cap B = \{(1, 1), (1, 3), (3, 1)\}$ より，$P(A \cap B) = 3/(6 \times 6) = 1/12$ である.
　したがって，$P(A \cup B) = P(A) + P(B) - P(A \cap B) = 5/18 + 1/4 - 1/12 = 4/9$

(5) $n(A \cap B) = 3$, $n(A) = 10$ より，$P(B|A) = 3/10$

問 5. (1) (1.6) より，$P(E) = P(A \cap E) + P(A^c \cap E) = P(E|A)P(A) + P(E|A^c)P(A^c)$
　$= (1 - 0.02) \times 0.005 + 0.02 \times (1 - 0.005) = 0.0248$，すなわち，$2.5\%$

(2) $P(A|E) = \dfrac{P(A \cap E)}{P(E)} = \dfrac{P(E|A)P(A)}{P(E)} = \dfrac{0.98 \times 0.005}{0.0248} = 0.198$，すなわち，$20\%$

(3) **(1)**, **(2)** と同様に，$P(E) = (1 - p) \times 0.005 + p(1 - 0.005) = 0.99p + 0.005$,

$$P(A|E) = \frac{0.005 - 0.005p}{0.99p + 0.005} \text{ が得られる.}\quad \frac{0.005 - 0.005p}{0.99p + 0.005} \geq 0.8 \text{ とすると,}$$

$$(1 - 0.8) \times 0.005 \geq (0.8 \times 0.99 + 0.005)p \implies p \leq \frac{1}{797} \fallingdotseq 1.25 \times 10^{-3}$$

1.2

問1. 命題「p ならば q」について,条件 p, q の真理集合を P, Q とする.

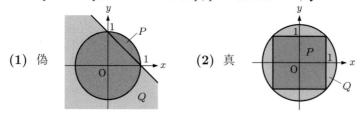

(1) 偽　　　　　**(2)** 真

問2.「(電車を利用しなかった)∧(バスを利用しなかった)」の否定は「(電車を利用した)∨(バスを利用した)」となるので,ハナネの主張は「遅刻した学生は電車とバスの少なくとも一方を利用した」と同値である.また,ココロの主張は「遅刻した学生は電車を利用した」と同値である.電車を利用した学生の集合を A,バスを利用した学生の集合を B,遅刻した学生の集合を C とすると,クルミの主張は $C \subset A \cap B$,ハナネの主張は $C \subset A \cup B$,ココロの主張は $C \subset A$ となることから,**ア** クルミ　**イ** ココロ　**ウ** ハナネ

問3. **(1)**　否定命題は「任意の自然数 x に対して,$3x^2 + 5x - 2 \neq 0$」.$3x^2 + 5x - 2 = (3x - 1)(x + 2) = 0 \implies x = 1/3, -2$ より,否定命題は真(もとの命題は偽)である.　**(2)** 否定命題は「ある実数 x に対して,$2x^2 + x + 1 \leq 0$」.$2x^2 + x + 1 = 2(x + 1/4)^2 + 7/8 \geq 7/8$ より,もとの命題が真で,否定命題は偽である.

問4. **(1)**　整数 n は $n = 3k, 3k + 1, 3k + 2$(k は整数)のいずれかの形に表される.それぞれ,$n^2 = 9k^2, 3(3k^2 + 2k) + 1, 3(3k^2 + 4k + 1) + 1$ となることから,n^2 を3で割った余りは0(n が3の倍数)と1(n が3の倍数ではない)のいずれかである.　**(2)** a, b, c がすべて3の倍数ではないとすると,**(1)** より $a^2 + b^2$ を3で割った余りは2,c^2 を3で割った余りは1となり,$a^2 + b^2 = c^2$ が成り立たない.対偶により,$a^2 + b^2 = c^2$ が成り立つならば,a, b, c のうち,少なくとも1つは3の倍数である.　**(3)** 整数を3で割った余りは 0, 1, 2 の3種類なので,4つの整数の中には,3で割った余りが等しいものが少なくとも1組はある.それを「2つの整数」に選べば,差が3の倍数になる.

問5. (1) $x_0, x_1, \ldots, x_n$ を小さい順に並べたものを $y_0, y_1, \ldots, y_n$ と表す.

$$y_1 - y_0 > \frac{1}{n},\ y_2 - y_1 > \frac{1}{n},\ \ldots,\ y_n - y_{n-1} > \frac{1}{n}$$

と仮定すると,$y_n - y_0 = (y_n - y_{n-1}) + \cdots + (y_2 - y_1) + (y_1 - y_0) > n \cdot \frac{1}{n} = 1$ となって,$0 \leq y_0 < y_n \leq 1$ に反する.したがって,$0 < y_m - y_{m-1} \leq \frac{1}{n}$ を満たす m が存在する.このとき,$y_m = x_k, y_{m-1} = x_j$ について,$0 < x_k - x_j \leq \frac{1}{n}$ が成り立つ.

(2) 実数 x に対して,x 以下の最大の整数を $[x]$ と表す.$x_k = k\omega - [k\omega]$($k = 0, 1, \ldots, n$)とおくと,$x_k \in [0, 1]$ であり,ω が無理数であることから,x_k はすべて異なる.実際,$x_k = x_j$

$(k \neq j)$ とすると，$k\omega - [k\omega] = j\omega - [j\omega]$ より，$\omega = \dfrac{[k\omega] - [j\omega]}{k - j}$ となり，ω が無理数であることに反する．

したがって，**(1)** より，$0 < x_k - x_j \leq \dfrac{1}{n}$ を満たす k, j が存在する．$x_k - x_j = (k - j)\omega + [j\omega] - [k\omega]$ より，$l = k - j,\, m = [j\omega] - [k\omega]$ とおくと，l, m は整数であって，$0 < l\omega + m < \dfrac{1}{n}$ が成り立つ．

1.3

問 1. **(1)** A の要素 10 に B の 2 つの要素 2, 5 が対応するので写像ではない．　**(2)** $63 = 3^2 \cdot 7$，$64 = 2^6$，$65 = 5 \cdot 13$，$66 = 2 \cdot 3 \cdot 11$ より，$4 \mapsto 64, 5 \mapsto 65, 6 \mapsto 66, 7 \mapsto 63, 8 \mapsto 64, 9 \mapsto 63$ のような写像である．　**(3)** 各学生には必ずただ 1 人の指導教員が決まっていれば写像である．**(4)** ヨジャチングに興味のない学生や 2 人以上のメンバーが好きという学生がいる可能性があるので写像ではない．（すべての学生に 1 人だけ好みのメンバーがいる可能性も捨て切れないので，絶対に写像ではないとは言い切れないが，常識的に考えると，違うということである．）

問 2. A の 3 つの要素 1, 2, 3 のそれぞれに 1, 2, 3, 4, 5, 6 の 6 通りの対応のさせ方があるので，写像の総数は $6 \times 6 \times 6 = 216$ である．単射の総数は，B から 3 個の要素を選んで作る順列の数と同じで，$_6\mathrm{P}_3 = 6 \times 5 \times 4 = 120$ である．B から 3 個の要素を選んで，それを大きさの順に並べたものを $f(1), f(2), f(3)$ とすれば，単調増加な写像が得られる．したがって，その総数は $_6\mathrm{C}_3 = (6 \times 5 \times 4)/(3 \cdot 2 \cdot 1) = 20$ である．

問 3. **(1)** $f(23) = (23 - 3)/2 = 10,\, g(10) = 10 + 1 + 1 = 12$ より，$\varphi(23) = 12$.

(2) $g(x) = 12$ となる x は $x = 10, 11, 12$. さらに，$f(x) = 10$ となる x は $x = 20, 23$，$f(x) = 11$ となる x は $x = 22, 25$，$f(x) = 12$ となる x は $x = 24, 27$. したがって，求める x は $x = 20, 22, 23, 24, 25, 27$.

問 4. **(1)** $f(x) = x^2 - 2x = (x - 1)^2 - 1$ より，値域は区間 $[-1, \infty)$ となる．**(2)** $x = y^2 - 2y$ とおくと，2 次方程式の解の公式により，$y = 1 \pm \sqrt{x + 1}$ が得られる．もとの関数の定義域が逆関数の値域なので，$y \geq 1$ から $y = 1 + \sqrt{x + 1}$ のほうを選び，$f^{-1}(x) = 1 + \sqrt{x + 1} \ (x \geq -1)$. **(3)** $x \geq 1$ のとき，

$$f^{-1}\big(f(x)\big) = 1 + \sqrt{(x^2 - 2x) + 1} = 1 + \sqrt{(x - 1)^2} = 1 + (x - 1) = x$$

問 5. $\begin{cases} 3x + 5y = 81 \\ x + 2y = 31 \end{cases} \implies \begin{bmatrix} x \\ y \end{bmatrix} = \begin{bmatrix} 7 \\ 12 \end{bmatrix}$, $\begin{cases} 3x + 5y = 135 \\ x + 2y = 51 \end{cases} \implies \begin{bmatrix} x \\ y \end{bmatrix} = \begin{bmatrix} 15 \\ 18 \end{bmatrix}$

$\begin{cases} 3x + 5y = 32 \\ x + 2y = 11 \end{cases} \implies \begin{bmatrix} x \\ y \end{bmatrix} = \begin{bmatrix} 9 \\ 1 \end{bmatrix}$ より，もとの平文は $\overset{7}{\mathrm{G}}\,\overset{12}{\mathrm{L}}\,\overset{15}{\mathrm{O}}\,\overset{18}{\mathrm{R}}\,\overset{9}{\mathrm{I}}\,\overset{1}{\mathrm{A}}$

第 2 章

2.1

問 1.　**(1)** 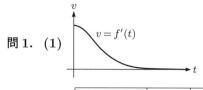　**(2)**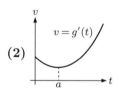

問 2.　**(1)**

時間 (s)	0.00	2.89	4.64	6.31	7.92	9.58
速度 (m/s)	6.92	11.43	11.98	12.42	12.05	

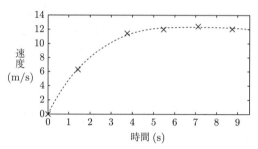

ウサイン・ボルトの v-t グラフ

(2) $12.42 \times 60 \times 60/1000 = 44.7$ (km/h)

(3)

時間 (s)	0.000	1.445	3.765	5.475	7.115	8.750
加速度 (m/s^2)		4.79	1.94	0.32	0.27	-0.23

(4) $94 \times 4.79 = 450$ (N)

問 3.　**(1)** $\boldsymbol{v}(t) = (x'(t), y'(t)) = (-r\omega \sin\omega t, \ r\omega \cos\omega t)$

(2) $\boldsymbol{a}(t) = (x''(t), y''(t)) = (-r\omega^2 \cos\omega t, \ -r\omega^2 \sin\omega t)$

(3) ニュートンの運動方程式により，質点に働く力は

$\boldsymbol{f} = (-mr\omega^2 \cos\omega t, \ -mr\omega^2 \sin\omega t)$ となり，その大きさは

$\| \boldsymbol{f} \| = \sqrt{(-mr\omega^2 \cos\omega t)^2 + (-mr\omega^2 \sin\omega t)^2} = \sqrt{m^2 r^2 \omega^4} = mr\omega^2$

(4) $T\cos\theta = mg$ より，張力は $T = \dfrac{mg}{\cos\theta}$ となる．回転運動の半径は
$r = l\sin\theta$ であることから，**(3)** により，

$$m(l\sin\theta)\omega^2 = T\sin\theta \implies ml\omega^2 = T = \frac{mg}{\cos\theta} \implies \omega = \sqrt{\frac{g}{l\cos\theta}}$$

問 4.　**(1)** $y'(t) = \left(v_0 + \dfrac{g}{k}\right)e^{-kt} - \dfrac{g}{k}$　**(2)** $y''(t) = -k\left(v_0 + \dfrac{g}{k}\right)e^{-kt}$

(3) $y''(t) + ky'(t) + g = -k\left(v_0 + \dfrac{g}{k}\right)e^{-kt} + k\left(v_0 + \dfrac{g}{k}\right)e^{-kt} - g + g = 0$

(4) $y'(t) = 0 \implies \left(v_0 + \dfrac{g}{k}\right)e^{-kt} = \dfrac{g}{k} \implies e^{kt} = \left(v_0 + \dfrac{g}{k}\right)\Big/\left(\dfrac{g}{k}\right) = 1 + \dfrac{kv_0}{g}$

$\implies t = \dfrac{1}{k}\log\left(1 + \dfrac{kv_0}{g}\right)$

(5) $1 + \dfrac{kv_0}{g} = 1 + \dfrac{0.25 \cdot 2g}{g} = 1.5$ より，最高点の高さに達する時刻が，**(4)** の答の式を用い

て，$t = \dfrac{1}{0.25} \log 1.5 = \dfrac{0.405}{0.25} = \underline{1.62 \, (\mathrm{s})}$ と求められる.

$y(t) = \left(v_0 + \dfrac{g}{k}\right) \dfrac{1 - e^{-kt}}{k} - \dfrac{g}{k} t$ に $v_0 = 19.6$, $g = 9.8$, $k = 0.25$, $e^{kt} = 1.5$, $t = 1.62$ を

代入して計算すると，

$$\left(19.6 + \frac{9.8}{0.25}\right) \cdot \frac{1}{0.25} \cdot \left(1 - \frac{1}{1.5}\right) - \frac{9.8}{0.25} \cdot 1.62 = 78.4 - 63.504 = 14.896$$

となり，最高点の高さは $\underline{14.9 \, \mathrm{m}}$ である.

参考 空気抵抗を無視した場合，$y(t)$ は $y(t) = v_0 t - \dfrac{g}{2} t^2$ と表され，最高点に達する時刻は $t = \dfrac{v_0}{g}$，最

高点の高さは $y = \dfrac{v_0{}^2}{2g}$ となる. したがって，**(4)** の初速度の場合，$t = 2$ (s), $y = 19.6$ (m) となる.

問 5. (1) $t = \dfrac{x}{v_0 \cos\theta}$ を y の式に代入して

$$y = (v_0 \sin\theta) \frac{x}{v_0 \cos\theta} - \frac{g}{2}\left(\frac{x}{v_0 \cos\theta}\right)^2 = (\tan\theta)x - \frac{gx^2}{2v_0{}^2}(1 + \tan^2\theta)$$

(2) 上の式を $\tan\theta$ に関する 2 次方程式

$$\frac{gx^2}{2v_0{}^2} \tan^2\theta - (\tan\theta)x + y + \frac{gx^2}{2v_0{}^2} = 0$$

とみなして，実数解をもつ条件を求める.

$$D = x^2 - 4\left(\frac{gx^2}{2v_0{}^2}\right)\left(y + \frac{gx^2}{2v_0{}^2}\right) = \frac{2gx^2}{v_0{}^2}\left\{\frac{v_0{}^2}{2g} - \left(y + \frac{gx^2}{2v_0{}^2}\right)\right\} \geq 0 \ \text{より，} \ y \leq \frac{v_0{}^2}{2g} - \frac{gx^2}{2v_0{}^2}$$

2.2

問 1. (1) 任意の実数 $x \neq 0$ に対して，$\left|\dfrac{g(x) - g(0)}{x - 0}\right| = \left|x \sin\dfrac{1}{x}\right| \leq |x|$ が成り立つ. $|x| \to 0$

$(x \to 0)$ であることから，はさみうちの原理により，$g'(0) = \displaystyle\lim_{x \to 0} \dfrac{g(x) - g(0)}{x - 0} = 0$ が成り立つ.

(2) $g'(x) = 2x \sin\dfrac{1}{x} + x^2 \cos\dfrac{1}{x} \cdot \left(\dfrac{1}{x}\right)' = 2x \sin\dfrac{1}{x} + x^2 \cos\dfrac{1}{x} \cdot \left(-\dfrac{1}{x^2}\right) = 2x \sin\dfrac{1}{x} - \cos\dfrac{1}{x}$

(3) $x \to 0$ とすると，**(1)** より，$2x \sin\dfrac{1}{x} \to 0$ となるが，$-\cos\dfrac{1}{x}$ は -1 と 1 の間を上下して

一定値に近づかない. $\displaystyle\lim_{x \to 0} g'(x)$ が存在しないので，$g'(x)$ は $x = 0$ で連続ではない.

問 2. (1) $\dfrac{dy}{dx} = -2(2x + 3)^{-3} (2x + 3)' = -2(2x + 3)^{-3} \cdot 2 = -\dfrac{4}{(2x + 3)^3}$

(2) $\dfrac{dy}{dx} = -\sin(\sin x) (\sin x)' = -\sin(\sin x) \cdot \cos x = -\cos x \sin(\sin x)$

(3) $\dfrac{dy}{dx} = 2\sin 3x (\sin 3x)' = 2\sin 3x \cos 3x (3x)' = 2\sin 3x \cos 3x \cdot 3 = 6\cos 3x \sin 3x$

(4) $\dfrac{dy}{dx} = -\dfrac{1}{2}(1 + \cos^2 x)^{-\frac{3}{2}} (1 + \cos^2 x)' = -\dfrac{1}{2}(1 + \cos^2 x)^{-\frac{3}{2}} (2\cos x)(\cos x)'$

$\qquad = -\dfrac{1}{2}(1 + \cos^2 x)^{-\frac{3}{2}} (2\cos x)(-\sin x) = \dfrac{\cos x \sin x}{\sqrt{(1 + \cos^2 x)^3}}$

問 3. **(a)** $\dfrac{dy}{dx} = \dfrac{1}{2}(1-x^2)^{-1/2} \cdot (-2x) = -\dfrac{x}{\sqrt{1-x^2}}$

(b) $x^2 + y^2 = 1$ の両辺を x で微分すると，$2x + 2y\dfrac{dy}{dx} = 0 \Longrightarrow \dfrac{dy}{dx} = -\dfrac{x}{y} = -\dfrac{x}{\sqrt{1-x^2}}$

問 4. $x^3 - 3xy + 2y^3 = 0$ を x で微分して，$3x^2 - 3y - 3x\dfrac{dy}{dx} + 6y^2\dfrac{dy}{dx} = 0 \Longrightarrow \dfrac{dy}{dx} = $

$\dfrac{y - x^2}{2y^2 - x}$ が得られる．したがって，$(x,\, y) = (-2,\, 1)$ における接線の傾きは $\dfrac{dy}{dx} = \dfrac{1 - (-2)^2}{2 \cdot 1^2 - (-2)}$

$= -\dfrac{3}{4}$ となり，接線の方程式は $y = -\dfrac{3}{4}(x+2) + 1 \Longrightarrow y = -\dfrac{3}{4}x - \dfrac{1}{2}$ となる．

問 5. **(1)** $x^2 - (2r\cos\theta)x - (L^2 - r^2) = 0$ より，$D/4 = (r\cos\theta)^2 + L^2 - r^2 = L^2 - r^2(1 - \cos^2\theta) = L^2 - r^2\sin^2\theta$，となり，2 次方程式の解の公式により，

$$x = r\cos\theta + \sqrt{L^2 - r^2\sin^2\theta}$$

が得られる（$\sqrt{L^2 - r^2\sin^2\theta} > |r\cos\theta|$ より，$r\cos\theta - \sqrt{L^2 - r^2\sin^2\theta} < 0$ となり，仮定 $x > 0$ から，$r\cos\theta - \sqrt{L^2 - r^2\sin^2\theta}$ は不適である）．

(2) $L^2 = r^2 + x^2 - 2rx\cos\theta$ を t で微分する．$0 = 2x\dfrac{dx}{dt} - 2r\dfrac{dx}{dt}\cos\theta + 2rx\sin\theta\dfrac{d\theta}{dt}$

$\Longrightarrow (r\cos\theta - x)\dfrac{dx}{dt} = rx\sin\theta\dfrac{d\theta}{dt}$

$\Longrightarrow \dfrac{dx}{dt} = \dfrac{rx\sin\theta}{r\cos\theta - x} \cdot \dfrac{d\theta}{dt} = -\dfrac{r\sin\theta\left(r\cos\theta + \sqrt{L^2 - r^2\sin^2\theta}\right)}{\sqrt{L^2 - r^2\sin^2\theta}} \cdot \dfrac{d\theta}{dt}$

参考 **(1)** の答 $x = r\cos\theta + \sqrt{L^2 - r^2\sin^2\theta}$ を微分して解答する場合は

$$\dfrac{dx}{dt} = -r\sin\theta \cdot \dfrac{d\theta}{dt} + \dfrac{1}{2\sqrt{L^2 - r^2\sin^2\theta}} \cdot (-2r^2\sin\theta)\cos\theta \cdot \dfrac{d\theta}{dt}$$

$$= -\left(r\sin\theta + \dfrac{r^2\sin\theta\cos\theta}{\sqrt{L^2 - r^2\sin^2\theta}}\right)\dfrac{d\theta}{dt}$$

のように書くのが自然だろう（もちろん通分すれば上と同じになる）．

(3) $\theta = \dfrac{\pi}{2}$ のとき，$\sin\theta = 1, \cos\theta = 0$ より，$\dfrac{dx}{dt} = -\dfrac{r\sqrt{L^2 - r^2}}{\sqrt{L^2 - r^2}}\dfrac{d\theta}{dt} = -r\dfrac{d\theta}{dt}$

(4) 上の式に $r = 3$ (cm)，$\dfrac{d\theta}{dt} = 200 \times 3.14$ を代入して，$\left|\dfrac{dx}{dt}\right| = 3 \times 200 \times 3.14 = $ 1884 (cm/s)，すなわち，<u>18.8 (m/s)</u>．

2.3

問 1. $\dfrac{f(1) - f(0)}{1 - 0} = \dfrac{2 - 0}{1 - 0} = 2$，$f'(x) = 6x - 3x^2$ より，$2 = 6c - 3c^2 \Longrightarrow 3c^2 - 6c + 2 = 0$ を解いて，$c = \dfrac{3 \pm \sqrt{3}}{3}$．このうち，$0 < c < 1$ を満たすのは，$c = \dfrac{3 - \sqrt{3}}{3}$ である．

問 2. **(1)** $f'(x) = 1 \cdot \log x + x \cdot 1/x = \log x + 1$ **(2)** $0 < a < b$ のとき，平均値の定理により，

$$\dfrac{f(b) - f(a)}{b - a} = \dfrac{b\log b - a\log a}{b - a} = \log c + 1 = f'(c)$$

を満たす $c\ (a < c < b)$ が存在する．さらに，$\log x$ は単調増加関数であることから，$\log a + 1 <$

$\log c + 1 < \log b + 1$ となって，(2.46) の不等式が成り立つ.

問 3. 平均値の定理により，$f(x+a) - f(x) = af'(c)$, $x < c < x + a$ を満たす c が存在する. $x \to +\infty$ のとき，$c \to +\infty$ となることから，

$$\lim_{x \to +\infty} \{f(x+a) - f(x)\} = a \lim_{c \to +\infty} f'(c) = aA$$

問 4. **(1)** $x'(t) = l \cos \theta(t) \, \theta'(t)$, $y'(t) = l \sin \theta(t) \, \theta'(t)$

(2) **(1)** により，$E(t) = \dfrac{1}{2} m l^2 \theta'(t)^2 - mgl \cos \theta(t)$ と表される.

$$E'(t) = ml^2 \theta'(t) \theta''(t) + mgl \sin \theta(t) \, \theta'(t) = ml\theta'(t)\{l\theta''(t) + g \sin \theta(t)\} = 0$$

したがって，$E(t)$ は定数である.

(3) $\theta = \pi$ のときの速度を v とすると，$\dfrac{1}{2} m v_0^2 - mgl = \dfrac{1}{2} mv^2 + mgl$ より，v は $v^2 = v_0^2 - 4gl$ を満たす. このような $v \neq 0$ が存在するための条件は $v_0 > 2\sqrt{gl}$ である.

問 5. **(1)** $C'(x) = -\dfrac{16k}{x^3} + \dfrac{54k}{(4-x)^3}$ 　**(2)** $C'(x) = -\dfrac{16k}{(4-x)^3} \left\{ \left(\dfrac{4-x}{x}\right)^3 - \left(\dfrac{3}{2}\right)^3 \right\}$

と書き直す. $C'(x) = 0$ より，$\dfrac{4-x}{x} = \dfrac{3}{2} \implies 8 - 2x = 3x \implies x = \dfrac{8}{5}$ が得られる.

$\dfrac{4-x}{x}$ $(0 < x < 4)$ の単調減少性より，$0 < x < \dfrac{8}{5}$ のとき，$C'(x) < 0$，$\dfrac{8}{5} < x < 4$ のとき，

$C'(x) > 0$ となることから，$C(x)$ は $x = \dfrac{8}{5}$ で最小となる. したがって，製鉄所から $\dfrac{8}{5} = 1.6$ (km) の地点に病院を建てるのが最もマシな選択である.

第 3 章

3.1

問 1. **(1)** $x_{n+1} = \dfrac{x_n^2 + \alpha^2}{2x_n}$ より，$x_{n+1} - \alpha = \dfrac{x_n^2 - 2\alpha x_n + \alpha^2}{2x_n} = \dfrac{1}{2x_n}(x_n - \alpha)^2$ が成り立つ.

$x_n > \alpha$ のとき $0 < \dfrac{1}{2x_n} < \dfrac{1}{2\alpha}$ となることから，**(1)** の不等式が得られる.

(2) $x_0 - \sqrt{2} < \dfrac{1}{10}$ と **(1)** の不等式 $(n = 0)$ を用いると，$x_1 - \sqrt{2} < \dfrac{1}{2\sqrt{2}}\left(x_0 - \sqrt{2}\right)^2$

$< \dfrac{1}{2\sqrt{2} \cdot 10^2}$ が得られる. さらに，**(1)** の不等式 $(n = 1)$ を用いて，

$$x_2 - \sqrt{2} < \dfrac{1}{2\sqrt{2}}\left(x_1 - \sqrt{2}\right)^2 < \dfrac{1}{2\sqrt{2}}\left(\dfrac{1}{2\sqrt{2} \cdot 10^2}\right)^2 = \dfrac{1}{2\sqrt{2} \cdot 8 \cdot 10^4} = \dfrac{1}{16\sqrt{2} \cdot 10^4}$$

問 2. $f(x) = x^3 - 2$ に対するニュートン法の公式は，$f'(x) = 3x^2$ より，$x_{n+1} = x_n - \dfrac{x_n^3 - 2}{3x_n^2}$

$= \dfrac{2x_n^3 + 2}{3x_n^2}$. $x_0 = 1.2$ として，$\sqrt[3]{2}$ の近似値を計算すると，$x_1 = 1.262962963$,

$x_2 = 1.259928371$, $x_3 = 1.259921050$ となり，小数点以下 4 桁までの値が変わらなくなるので，1.2599 が小数点以下 4 桁まで正しい近似値と考えられる.

問 3. (1) $f'(x) = -\dfrac{1}{x^2}$ より, $x_{n+1} = x_n - \dfrac{f(x_n)}{f'(x_n)} = x_n - \dfrac{\dfrac{1}{x_n} - a}{-\dfrac{1}{x_n{}^2}} = 2x_n - ax_n{}^2$

(2) $r_{n+1} = 1 - ax_{n+1} = 1 - 2ax_n + a^2 x_n{}^2 = (1 - ax_n)^2 = r_n{}^2$

(3) **(2)** の等式から, $r_0 = 0.1$ のとき, $r_1 = r_0{}^2 = 0.1^2 = 0.01$ であり, さらに, $r_2 = r_1{}^2 = 0.01^2 = 0.0001$

(4) $r_1 = r_0{}^2, r_2 = r_1{}^2 = r_0{}^4, r_3 = r_2{}^2 = r_0{}^8, \ldots$ より, $r_n = r_0{}^{2^n}$ (r_0 の 2^n 乗) が成り立つ. $|r_0| < 1$ ならば, $r_n \to 0 \ (n \to \infty)$ となることから, $x_n \to \dfrac{1}{a} \ (n \to \infty)$ が成り立つ.

3.2

問 1. (1) $\arcsin \dfrac{1}{2} = \dfrac{\pi}{6}$ **(2)** $\arccos\left(-\dfrac{\sqrt{3}}{2}\right) = \dfrac{5\pi}{6}$ **(3)** $\arctan \sqrt{3} = \dfrac{\pi}{3}$

(4) $\tan\left(\arccos \dfrac{1}{\sqrt{2}}\right) = \tan \dfrac{\pi}{4} = 1$ **(5)** $\theta = \arcsin \dfrac{12}{13}$ とおくと, $\sin\theta = \dfrac{12}{13}$ が成り立つ. $\cos^2\theta = 1 - \sin^2\theta = 1 - \dfrac{144}{169} = \dfrac{25}{169}$. また, $-\dfrac{\pi}{2} \le \theta \le \dfrac{\pi}{2}$ ($\arcsin$ の値域) より, $\cos\theta \ge 0$ である. したがって, $\cos\left(\arcsin \dfrac{12}{13}\right) = \cos\theta = \dfrac{5}{13}$

問 2. (1) (与式) $\Longrightarrow \tan\left(\arctan\left(4x - 3\right)\right) = \tan \dfrac{\pi}{4} \Longrightarrow 4x - 3 = 1 \Longrightarrow x = 1$

(2) $\theta = \arcsin x = \arccos \sqrt{x^2 - 1/2}$ とおくと, $\sin\theta = x, \cos\theta = \sqrt{x^2 - 1/2}$ が成り立つ. $\sin^2\theta + \cos^2\theta = 1$ に代入して, $x^2 + x^2 - 1/2 = 1 \Longrightarrow 2x^2 = \dfrac{3}{2} \Longrightarrow x = \pm\dfrac{\sqrt{3}}{2}$ が得られる. しかし, ヒントに述べたことから, $x = -\dfrac{\sqrt{3}}{2}$ は不適である. したがって, 求める解は $x = \dfrac{\sqrt{3}}{2}$ である.

問 3. $\alpha = \arctan x, \beta = \arctan \dfrac{1}{x}$ とおくと, $\tan\alpha = x, \tan\beta = \dfrac{1}{x}$ より, $\tan\alpha \tan\beta = 1$ が成り立つ. この式を書き直すと, $\dfrac{\sin\alpha}{\cos\alpha} \cdot \dfrac{\sin\beta}{\cos\beta} = 1 \Longrightarrow \cos\alpha\cos\beta - \sin\alpha\sin\beta = 0$ となり, 加法定理から $\cos(\alpha + \beta) = 0$ が成り立つ. 一方, $x > 0$ の仮定から, $0 < \alpha < \dfrac{\pi}{2}, 0 < \beta < \dfrac{\pi}{2}$ であり, $0 < \alpha + \beta < \pi$ が成り立つ. したがって, $\arctan x + \arctan \dfrac{1}{x} = \alpha + \beta = \dfrac{\pi}{2}$

(別解) $f(x) = \arctan x + \arctan \dfrac{1}{x}$ は, $x > 0$ で微分可能であって,

$$f'(x) = \frac{1}{1 + x^2} + \frac{1}{1 + (1/x)^2} \cdot \left(-\frac{1}{x^2}\right) = \frac{1}{1 + x^2} - \frac{1}{1 + x^2} = 0$$

が成り立つことから, 定数である. 特に, $f(1) = \arctan 1 + \arctan 1 = \dfrac{\pi}{4} + \dfrac{\pi}{4} = \dfrac{\pi}{2}$ より, すべての $x > 0$ に対して, $f(x) = \arctan x + \arctan \dfrac{1}{x} = \dfrac{\pi}{2}$ が成り立つ.

問 4. **(1)** $\sin \dfrac{5}{6}\pi = \dfrac{1}{2}$ より, $\varphi\left(\dfrac{5}{6}\pi\right) = \arcsin \dfrac{1}{2} = \dfrac{\pi}{6}$

(2) $\dfrac{\pi}{2} \leq x \leq \pi$ のとき, $\sin x$ は $\sin(\pi - x)$ と一致し, $0 \leq \pi - x \leq \dfrac{\pi}{2}$ が成り立つ.

$$\varphi(x) = \arcsin\left(\sin x\right) = \arcsin\left(\sin(\pi - x)\right) = \pi - x$$

(3) $\sin\left(-\dfrac{2}{3}\pi\right) = -\dfrac{\sqrt{3}}{2}$ より, $\varphi\left(-\dfrac{2}{3}\pi\right) = \arcsin\left(-\dfrac{\sqrt{3}}{2}\right) = -\dfrac{\pi}{3}$

(4) $-\pi \leq x \leq -\dfrac{\pi}{2}$ のとき, $\sin x$ は $\sin(-\pi - x)$ と一致し, $-\dfrac{\pi}{2} \leq -\pi - x \leq 0$ が成り立つ.

$$\varphi(x) = \arcsin(\sin x) = \arcsin\left(\sin(-\pi - x)\right) = -\pi - x$$

(5) 下の図の実線部分のようなグラフになる.

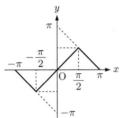

問 5. **(1)** $f'(x) = \dfrac{1}{\sqrt{1-x^2}} - \dfrac{2x}{\sqrt{1-x^2}} = \dfrac{1-2x}{\sqrt{1-x^2}}$ **(2)** 増減表は下のようになり,

$f(-1) = \arcsin(-1) = -\dfrac{\pi}{2},\ f\left(\dfrac{1}{2}\right) = \arcsin \dfrac{1}{2} + 2\sqrt{1-1/4} = \dfrac{\pi}{6} + \sqrt{3},\ f(1) =$

$\arcsin 1 = \dfrac{\pi}{2}$ より, 最大値は $\dfrac{\pi}{6} + \sqrt{3}$ $\left(x = \dfrac{1}{2}\right)$, 最小値は $-\dfrac{\pi}{2}$ $(x = -1)$ となる.

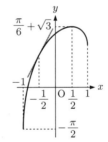

x	-1	$\cdots$	$1/2$	$\cdots$	1
$f'(x)$		$+$	0	$-$	
$f(x)$		$\nearrow$		$\searrow$	

(3) $f\left(-\dfrac{1}{2}\right) = \arcsin\left(-\dfrac{1}{2}\right) + 2\sqrt{1-1/4} = -\dfrac{\pi}{6} + \sqrt{3},\ f'\left(-\dfrac{1}{2}\right) = \dfrac{1 - 2\cdot(-1/2)}{\sqrt{1-1/4}}$

$= \dfrac{4}{\sqrt{3}}$ より, 接線の方程式は $y = \dfrac{4}{\sqrt{3}}\left(x + \dfrac{1}{2}\right) - \dfrac{\pi}{6} + \sqrt{3} = \dfrac{4}{\sqrt{3}}x + \dfrac{5}{\sqrt{3}} - \dfrac{\pi}{6}$ となる.

3.3

問 1. (1) 定数 K の定義より,

$$F(a) = f(a) + f'(a)(b-a) + \dfrac{K}{2}(b-a)^2 = f(b)$$

が成り立つ. 一方, $F(b) = f(b)$ であることから. $F(a) = F(b)$ が成り立つ.

(2) $F'(x) = f'(x) + f'(x)\cdot(-1) + f''(x)(b-x) - K(b-x) = \{f''(x) - K\}(b-x)$

(3) $f(x)$ に関する仮定により，$F(x)$ は $[a, b]$ で連続，(a, b) で微分可能である．**ロルの定理**（**定理 2.6**）により，$F'(c) = 0$ を満たす c $(a < c < b)$ が存在する．**(2)** より，$F'(c) = 0$ は $f''(c) = K$ と同値である．$K = f''(c)$ を (3.44) に代入して，(3.46) を得る．

問 2. **(1)** $f'(x) = \dfrac{1}{3}(1+x)^{-\frac{2}{3}}, f''(x) = -\dfrac{2}{9}(1+x)^{-\frac{5}{3}}$　**(2)** $f(x) = 1 + \dfrac{1}{3}x - \dfrac{1}{9}(1+c)^{-\frac{5}{3}}x^2$

$(0 < c < x)$　**(3)** $c > 0$ より，$0 < (1+c)^{-\frac{5}{3}} < 1$. 辺々に $-\dfrac{1}{9}x^2 < 0$ をかけて，

$-\dfrac{1}{9}x^2 < -\dfrac{1}{9}(1+c)^{-\frac{5}{3}}x^2 < 0$. さらに，辺々に $1 + \dfrac{1}{3}x$ を加えて，(3.47) を得る．

(4) $x = 0.01$ のとき，$1 + \dfrac{1}{3}x - \dfrac{1}{9}x^2 = 1.0033222\cdots, 1 + \dfrac{1}{3}x = 1 + \dfrac{1}{3\cdot 10^2} = 1.00333\cdots$

となることから，$(1 + 0.01)^{1/3}$ を小数点以下 4 桁めまで正しく求めると，1.0033 である．

問 3. **(1)** $\log(1+x) = x - \dfrac{x^2}{2} + \dfrac{x^3}{3(1+c)^3}$　**(2)** **(1)** より，$g(x) = 1 - \dfrac{x}{2} + \dfrac{x^2}{3(1+c)^3}$ と表

されることから，$\lim\limits_{x\to 0} g(x) = 1$ である．したがって，$g(0) = 1$ と定めれば，$g(x)$ は $x = 0$ で連続とな

る．このとき，$\dfrac{g(x) - g(0)}{x - 0} = -\dfrac{1}{2} + \dfrac{x}{3(1+c)^3}$ と表されることから，$\lim\limits_{x\to 0}\dfrac{g(x) - g(0)}{x - 0} = -\dfrac{1}{2}$

(3) 求める極限は $\varphi(x) = e^{g(x)}$ の $x = 0$ における微分係数 $\varphi'(0)$ である．合成関数の微分公式

により，$\varphi'(0) = e^{g(0)} \cdot g'(0) = e \cdot \left(-\dfrac{1}{2}\right) = -\dfrac{e}{2}$

問 4. **(1)** $\dfrac{1}{1+t^2} = \dfrac{1}{1 - (-t^2)} = 1 - t^2 + t^4 - \cdots \left(= \displaystyle\sum_{k-0}^{\infty}(-1)^k\, t^{2k}\right)$ を，0 から x まで

積分して，$\arctan x = x - \dfrac{x^3}{3} + \dfrac{x^5}{5} - \cdots \left(= \displaystyle\sum_{k=0}^{\infty}(-1)^k\, \dfrac{x^{2k+1}}{2k+1}\right)$

(2) $\arctan(1/7) \fallingdotseq 0.141885, \arctan(3/79) \fallingdotseq 0.037956$ より，$\pi \fallingdotseq 3.14136$

第 4 章

4.1

問 1. **(1)** $\displaystyle\int_0^1 x^2\, dx = \lim_{n\to\infty}\dfrac{1}{n}\sum_{j=0}^{n-1}\left(\dfrac{j}{n}\right)^2 = \lim_{n\to\infty}\dfrac{1}{n^3}\sum_{j=1}^{n-1}j^2 = \lim_{n\to\infty}\left\{\dfrac{1}{n^3}\cdot\dfrac{1}{6}(n-1)n(2n-1)\right\}$

$= \lim\limits_{n\to\infty}\dfrac{1}{6}\left(1 - \dfrac{1}{n}\right)\left(2 - \dfrac{1}{n}\right) = \dfrac{1}{3}$

(2) $\displaystyle\int_0^1 e^x dx = \lim_{n\to\infty}\dfrac{1}{n}\sum_{j=0}^{n-1}e^{j/n} = \lim_{n\to\infty}\dfrac{1}{n}\sum_{j=0}^{n-1}\left(e^{1/n}\right)^j = \lim_{n\to\infty}\dfrac{1}{n}\,\dfrac{e - 1}{e^{1/n} - 1}$

$= (e - 1)\lim\limits_{n\to\infty}\dfrac{1/n}{e^{1/n} - 1} = (e - 1)\cdot 1 = e - 1$

問 2. **(1)** $f'(x) = e^{-x^2}$　**(2)** $f(x) = x\displaystyle\int_0^x e^t dt - \int_0^x te^t dt$ より，$f'(x) = \displaystyle\int_0^x e^t dt + x\cdot e^x$

$-xe^x = \left[e^t\right]_0^x = e^x - 1$　**(3)** $F(x) = \displaystyle\int_0^x \sqrt{t}\, dt$ とおくと，$f(x) = F(3x)$ と書けることから，

合成関数の微分公式により，$f'(x) = F'(3x)\cdot 3 = 3\sqrt{3x}$

問 3. $f(x) = -3\cos^2 x \sin x$, $a = 1$ である（与式の両辺を微分すると，$f(x)$ が得られ，

$$\int_\pi^x f(t)\,dt = \Big[\cos^3 t\Big]_\pi^x = \cos^3 x - \cos^3 \pi = \cos^3 x + 1 \text{ より, } a \text{ の値が得られる).}$$

問 4. $F(x) = \displaystyle\int_a^x f(t)\,dt$ とおくと, $F'(x) = f(x)$ が成り立ち, $f(x)$ に対する仮定により, $F'(x)$ は $[a, b]$ で連続で, $F(x)$ は (a, b) で 2 回微分可能となる. したがって, $a < c < b$ を満たす実数 c が存在して, **テイラーの公式** (p.52, (3.46) 参照)

$$F(b) = F(a) + F'(a)(b - a) + \frac{F''(c)}{2}(b - a)^2$$

が成り立つ. $F(b) = \displaystyle\int_a^b f(t)\,dt, F(a) = 0, F'(a) = f(a), F''(c) = f'(c)$ より, この式は

$$\int_a^b f(t)\,dt = f(a)(b - a) + \frac{f'(c)}{2}(b - a)^2$$

$$\implies \int_a^b f(t)\,dt - f(a)(b - a) = \frac{f'(c)}{2}(b - a)^2$$

と書き直される.

問 5. (1) $f(x)$ に対する仮定により, $F(x)$ は $[a, b]$ 上連続, (a, b) 上微分可能である. また, $F(a) = F(b) = 0$ を満たす. したがって, **ロルの定理** (**定理 2.6**) により, ある c $(a < c < b)$ が存在して, $F'(c) = 0$ が成り立つ.

(2)
$$F'(x) = -f(x) + \frac{1}{2}\Big(f(x) + f(b)\Big) - \frac{b - x}{2}f'(x) - 3K(b - x)^2$$
$$= \frac{1}{2}\Big(f(b) - f(x)\Big) - \frac{b - x}{2}f'(x) - 3K(b - x)^2$$

(3) $F'(x)$ は $[a, b]$ 上連続, (a, b) 上微分可能であり, $F'(c) = F'(b) = 0$ を満たす. したがって, 再び, **ロルの定理**により, ある ξ $(c < \xi < b)$ が存在して, $F''(\xi) = 0$ が成り立つ.

(4)
$$F''(x) = -\frac{1}{2}f'(x) + \frac{1}{2}f'(x) - \frac{b - x}{2}f''(x) + 6K(b - x)$$
$$= (b - x)\Big(6K - \frac{f''(x)}{2}\Big)$$

より, $F''(\xi) = 0 \Leftrightarrow K = \dfrac{f''(\xi)}{12}$ である. これを (4.15) に代入して, (4.17) を得る.

4.2

問 1. (1) $f'(x) = \dfrac{1}{2}\sin x, g(x) = x^2 + 1$ とおくと, $x\sin(x^2 + 1) = f'(g(x))g'(x)$ と表される. $f(x) = -\dfrac{1}{2}\cos x$ より, 原始関数は $-\dfrac{1}{2}\cos(x^2 + 1)$

(2) $f'(x) = \dfrac{1}{\sqrt{x + 2}}$, $g(x) = \sin x$ とおくと, $\dfrac{\cos x}{\sqrt{\sin x + 2}} = f'(g(x))g'(x)$ と表される.
$f(x) = \dfrac{1}{-\frac{1}{2} + 1}(x + 2)^{-\frac{1}{2} + 1} = 2\sqrt{x + 2}$ より, 原始関数は $2\sqrt{\sin x + 2}$

　以下の **(3)〜(6)** は部分積分による.

(3) $\displaystyle\int x\cos(3x)\,dx = \int x\Big(\frac{1}{3}\sin(3x)\Big)' dx = x \cdot \frac{1}{3}\sin(3x) - \int 1 \cdot \frac{1}{3}\sin(3x)\,dx =$

$$\frac{1}{3} x \sin(3x) + \frac{1}{9} \cos(3x) + C \quad \textbf{(4)} \int \log x\, dx = \int (x)' \log x\, dx = x \log x - \int x \cdot \frac{1}{x}\, dx$$

$$= x \log x - \int 1\, dx = x \log x - x + C \quad \textbf{(5)} \int \arcsin x\, dx = \int (x)' \arcsin x\, dx =$$

$$x \arcsin x - \int \frac{x}{\sqrt{1 - x^2}}\, dx = x \arcsin x + \sqrt{1 - x^2} + C \quad \textbf{(6)} \int \arctan x\, dx =$$

$$\int (x)' \arctan x\, dx = x \arctan x - \int \frac{x}{1 + x^2}\, dx = x \arctan x - \frac{1}{2} \log(1 + x^2) + C$$

問 2. $f(x)f'(x) = e^{2x} - e^{-2x}$ を積分すると, $\frac{1}{2} f(x)^2 = \frac{1}{2}\left(e^{2x} + e^{-2x}\right) + C$ (C は積分定数) が得られる. $x = 0$ を代入すると, $f(0) = 2$ より, $2 = 1 + C$ となることから, $C = 1$ が得られる. したがって, $f(x)^2 = e^{2x} + e^{-2x} + 2 = (e^x + e^{-x})^2$ が成り立つ. $f(0) = 2$ が成り立ち, $f(x)$ は連続関数であることから (∵ 微分可能) $f(x) = e^x + e^{-x}$ である.

参考 最後の $f(x)^2 = (e^x + e^{-x})^2$ から $f(x) = e^x + e^{-x}$ を導く部分は, 厳密には, 次のようにいう. $f(x)$ が連続関数であって, $f(0) = 2 > 0$ であることから, 任意の実数 x に対して, $f(x) > 0$ が成り立つ. 実際, ある実数 x_0 に対して, $f(x_0) \le 0$ とすると, **中間値の定理**(**定理 2.1**) により, ある実数 c に対して, $f(c) = 0$ が成り立つ. $f(c)^2 = (e^c + e^{-c})^2 \ge 4$ より, これは矛盾である. したがって, 任意の実数 x に対して, $f(x) > 0$ が成り立つ. これより, $f(x) = -(e^x + e^{-x})$ となることはあり得ないので, $f(x) = e^x + e^{-x}$ である.

問 3. 関数 $f(x) = \dfrac{x}{\sqrt{1 - x}}$ の値が $x = 1$ では定まらないので (右図), このまま

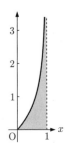

では正しいとはいえない (「結果」は正しい). この場合の積分 $\displaystyle\int_0^1 f(x)\, dx$ は広義

積分 $\displaystyle\int_0^1 f(x)\, dx = \lim_{\varepsilon \to +0} \int_0^{1-\varepsilon} f(x)\, dx$ と考えられる. このように無限に広がっ

た領域が有限の面積をもつこともある (**第 5 章 5.1 節**).

置換

x	$0 \to 1 - \varepsilon$
t	$1 \to \sqrt{\varepsilon}$

により,

$$\int_0^{1-\varepsilon} f(x)\, dx = \int_1^{\sqrt{\varepsilon}} (2t^2 - 2)\, dt = \left[\frac{2t^3}{3} - 2t\right]_1^{\sqrt{\varepsilon}} = \frac{4}{3} - \frac{2\sqrt{\varepsilon}}{3}(\varepsilon - 3)$$

として, $\varepsilon \to 0$ の極限をとったと考えると, 問題文にある計算は正当化される.

問 4. $0 \le t \le 1$ のとき $v(t) = \displaystyle\int_0^t a(s)\, ds = \int_0^t 1\, ds = \Big[s\Big]_0^t = t$, $1 < t \le 2$ のとき

$v(t) = v(1) + \displaystyle\int_1^t a(s)\, ds = 1 + \int_1^t 0\, ds = 1$, $2 < t \le 3$ のとき $v(t) = v(2) + \displaystyle\int_2^t a(s)\, ds = 1 +$

$\displaystyle\int_2^t (-1)\, ds = 1 + \Big[-s\Big]_2^t = 1 + (2 - t) = 3 - t$ となる. 以上をまとめて,

$$v(t) = \begin{cases} t & (0 \le t \le 1) \\ 1 & (1 < t \le 2) \\ 3 - t & (2 < t \le 3) \end{cases}$$ となる. さらに, $0 \le t \le 1$ のとき $x(t) = \displaystyle\int_0^t v(s)\, ds = \int_0^t s\, ds$

$$= \left[\frac{s^2}{2}\right]_0^t = \frac{t^2}{2} \ ,\ 1 < t \le 2 \text{ のとき } x(t) = x(1) + \int_1^t v(s)\,ds = \frac{1}{2} + \int_1^t 1\,ds = \frac{1}{2} + \left[\,s\,\right]_1^t =$$

$$\frac{1}{2} + (t-1) = t - \frac{1}{2} \ ,\ 2 < t \le 3 \text{ のとき } x(t) = x(2) + \int_2^t v(s)\,ds = \frac{3}{2} + \int_2^t (3-s)\,ds = \frac{3}{2} +$$

$$\left[3s - \frac{s^2}{2}\right]_2^t = -\frac{5}{2} + 3t - \frac{t^2}{2} = 2 - \frac{1}{2}(t-3)^2 \text{ より,}\ x(t) = \begin{cases} \dfrac{t^2}{2} & (0 \le t \le 1) \\[2mm] t - \dfrac{1}{2} & (1 < t \le 2) \\[2mm] 2 - \dfrac{1}{2}(t-3)^2 & (2 < t \le 3) \end{cases}$$

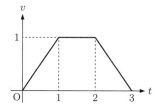 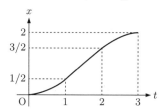

参考　$v(t),\ x(t)$ は，1 秒間一定加速度 1 で加速し，1 秒間加速も減速もせず，1 秒間一定加速度 -1 で減速した物体の速度，位置を表す.

問 5.　（答）④ k　（理由）$f(a) = 0,\ f(2a) = 0$（$\because$　$f(2a) = 2f(a)f'(a) = 0$）より，与えられた積分は，部分積分，条件 $f(2x) = 2f(x)f'(x)$，置換積分（変数変換 $y = 2x$）を用いて，次のように変形できる.

$$\int_a^{2a} \frac{\{f(x)\}^2}{x^2}\,dx = \int_a^{2a} \{f(x)\}^2 \left(-\frac{1}{x}\right)'\,dx = \left[-\frac{\{f(x)\}^2}{x}\right]_a^{2a} + \int_a^{2a} \frac{\left[\{f(x)\}^2\right]'}{x}\,dx$$

$$= \int_a^{2a} \frac{2f(x)\,f'(x)}{x}\,dx = \int_a^{2a} \frac{f(2x)}{x}\,dx = \int_{2a}^{4a} \frac{f(y)}{\left(\dfrac{y}{2}\right)} \cdot \frac{dy}{2} = \int_{2a}^{4a} \frac{f(y)}{y}\,dy = k$$

参考　この問題の条件を満たす簡単な $f(x)$ と a の例は $f(x) = \sin x,\ a = \pi$ である.

4.3

問 1.　(1)　$\dfrac{dx}{dt} + x = -e^{-t}(t+C) + e^{-t} + e^{-t}(t+C) = e^{-t}$　(2)　$\dfrac{dx}{dt} + 2(\tan t)\,x =$

$2C\cos t \cdot (-\sin t) + 2C(\tan t)\cos^2 t = -2C\cos t \cdot \sin t + 2C\,\dfrac{\sin t}{\cos t}\cos^2 t = 0$

問 2.　$x(t) = e^{-t}(A\cos t + B\sin t)$ を微分して，

$$\begin{aligned} x'(t) &= -e^{-t}(A\cos t + B\sin t) + e^{-t}(-A\sin t + B\cos t) \\ &= e^{-t}\{(B-A)\cos t - (A+B)\sin t\} \\ x''(t) &= -e^{-t}\{(B-A)\cos t - (A+B)\sin t\} + e^{-t}\{-(B-A)\sin t - (A+B)\cos t\} \\ &= e^{-t}(-2B\cos t + 2A\sin t) \end{aligned}$$

したがって，

$$x''(t) + 2x'(t) + 2x(t)$$
$$= e^{-t}(-2B\cos t + 2A\sin t) + e^{-t}\{2(B-A)\cos t - 2(A+B)\sin t\}$$
$$\quad + e^{-t}(2A\cos t + 2B\sin t)$$
$$= e^{-t}\{-2B + 2(B-A) + 2A\}\cos t + e^{-t}\{2A - 2(A+B) + 2B\}\sin t = 0$$

問 3. **(1)** $\dfrac{dx}{dt} = 3t^2\,x^3 \implies \dfrac{1}{x^3}\dfrac{dx}{dt} = 3t^2 \implies -\dfrac{1}{2x^2} = t^3 + C.$ 条件 $x(0) = 1$ より,

$C = -\dfrac{1}{2}$ となり, $-\dfrac{1}{2x^2} = t^3 - \dfrac{1}{2} \implies \dfrac{1}{x^2} = 1 - 2t^3 \implies x(t) = \dfrac{1}{\sqrt{1-2t^3}}$

(2) $\dfrac{dx}{dt} = \dfrac{t}{x+1} \implies (x+1)\dfrac{dx}{dt} = t \implies (1+x)^2 = t^2 + C.$ 条件 $x(0) = 0$

より, $C = 1$ となり, $(1+x)^2 = t^2 + 1 \implies x(t) = \sqrt{t^2+1} - 1$

参考 **(1)** の場合, $x(t) = -\dfrac{1}{\sqrt{1-2t^3}}$ は $x(0) = -1$ を満たし, 微分方程式の解ではあるが, 条件 $x(0) = 1$ を満たさない. 同様に **(2)** の場合, $x(t) = -\sqrt{t^2+1} - 1$ は $x(0) = -2$ を満たし, 微分方程式の解ではあるが, 条件 $x(0) = 0$ を満たさない.

このように, 微分方程式の解は「$x(0) = \cdots$」のような条件 (初期条件と呼ばれる) を付加すると, ただ 1 つに定まることが多い (1 つに定まらない場合もある).

問 4. **(1)** $\dfrac{dx}{dt} = \dfrac{6}{\sqrt{1+x}} \implies \sqrt{1+x}\,\dfrac{dx}{dt} = 6.$ 両辺を t で積分すると,

$$\int \sqrt{1+x}\,dx = \int 6\,dt \implies \frac{2}{3}(1+x)^{3/2} = 6t + C \quad (C \text{ は任意定数})$$

のように微分方程式の一般解が得られる. いま, $t = 0$ のとき, $x = 0$ とすると, 任意定数が $C = \dfrac{2}{3}$ と定められる. したがって,

$$\frac{2}{3}(1+x)^{3/2} = 6t + \frac{2}{3} \implies x(t) = (9t+1)^{2/3} - 1$$

(2) $x = 8$ のときの t の値を求めると,

$$t = \frac{1}{6}\left(\frac{2}{3}(1+8)^{3/2} - \frac{2}{3}\right) = \frac{26}{9} = 2.88888\cdots$$

となることから, $8\,\mathrm{km}$ 歩くのに掛かった時間は $\underline{2.89}$ (時間) (どえりゃーおそい!)

問 5. **(1)** $\dfrac{dE}{dt} = \dfrac{1}{2}\,m\cdot 2\left(\dfrac{dx}{dt}\right)\dfrac{d^2x}{dt^2} + \dfrac{GMm}{x^2}\cdot\dfrac{dx}{dt} = \left(m\dfrac{d^2x}{dt^2} + \dfrac{GMm}{x^2}\right)\dfrac{dx}{dt} = 0$

(2) **(1)** より, 任意の $t > 0$ に対して, $\dfrac{1}{2}\,m\left(\dfrac{dx}{dt}\right)^2 - \dfrac{GMm}{x} = \dfrac{1}{2}\,mv_0^2 - \dfrac{GMm}{R}$

が成り立つ. ある $t > 0$ に対して, $\dfrac{dx}{dt} = 0$ となれば, 飛翔体は地球に落下すると考えられる. このとき, $-\dfrac{GMm}{x} = \dfrac{1}{2}\,mv_0^2 - \dfrac{GMm}{R} < 0$ が成り立つ. 逆に, 落下しないためには, そのような t が存在しなければよい. $\dfrac{1}{2}\,mv_0^2 - \dfrac{GMm}{R} \geq 0$ より, $v_0 \geq \sqrt{\dfrac{2GM}{R}}$ を得る.

(3) $v_0 = \sqrt{\dfrac{2GM}{R}}$ のとき, $\dfrac{1}{2}\,m\left(\dfrac{dx}{dt}\right)^2 - \dfrac{GMm}{x} = 0$ が成り立つ. $\dfrac{dx}{dt} > 0$ より,

$$\frac{dx}{dt} = \frac{\sqrt{2GM}}{\sqrt{x}} \implies \int \sqrt{x}\,\frac{dx}{dt}\,dt = \int \sqrt{2GM}\,dt \implies \frac{2}{3}\,x^{\frac{3}{2}} = \sqrt{2GM}\,t + C.$$

また, $t = 0$ のとき, $x = R$ より, $C = \frac{2}{3}\,R^{\frac{3}{2}}$. $\therefore\ \frac{2}{3}\,x^{\frac{3}{2}} = \sqrt{2GM}\,t + \frac{2}{3}\,R^{\frac{3}{2}} \implies$

$$x(t) = \left(\frac{3}{2}\,\sqrt{2GM}\,t + R^{\frac{3}{2}}\right)^{\frac{2}{3}}$$

第 5 章

5.1

問 1. **(1)** $\displaystyle\int_0^1 \frac{1}{\sqrt[3]{x}}\,dx = \lim_{\varepsilon\to+0}\int_\varepsilon^1 \frac{1}{\sqrt[3]{x}}\,dx = \lim_{\varepsilon\to+0}\left[\frac{3}{2}\,x^{\frac{2}{3}}\right]_\varepsilon^1 = \lim_{\varepsilon\to+0}\left(\frac{3}{2} - \frac{3}{2}\,\varepsilon^{\frac{2}{3}}\right) = \frac{3}{2}$

(2) $\displaystyle\int_0^1 \log x\,dx = \lim_{\varepsilon\to+0}\int_\varepsilon^1 \log x\,dx = \lim_{\varepsilon\to+0}\left[x\log x - x\right]_\varepsilon^1 = \lim_{\varepsilon\to+0}\left(-1 - \varepsilon\log\varepsilon + \varepsilon\right) = -1$

(3) $\displaystyle\int_1^\infty \frac{1}{x^3}\,dx = \lim_{R\to\infty}\int_1^R \frac{1}{x^3}\,dx = \lim_{R\to\infty}\left[-\frac{1}{2x^2}\right]_1^R = \lim_{R\to\infty}\left(-\frac{1}{2R^2} + \frac{1}{2}\right) = \frac{1}{2}$

(4) $\displaystyle\int_0^\infty xe^{-\frac{x^2}{2}}\,dx = \lim_{R\to\infty}\int_0^R xe^{-\frac{x^2}{2}}\,dx = \lim_{R\to\infty}\left[-e^{-\frac{x^2}{2}}\right]_0^R = \lim_{R\to\infty}\left(-e^{-\frac{R^2}{2}} + 1\right) = 1$

問 2. **(1)** 与えられた式の両辺を $(1+x^2)(x+1)$ 倍すると, $x = a(x+1) + bx(x+1) + c(1+x^2)$ $\implies (b+c)x^2 + (a+b-1)x + a + c = 0$. これが x の恒等式になるように a, b, c の値を定める

と, $a = b = \dfrac{1}{2}$, $c = -\dfrac{1}{2}$. **(2)** $\displaystyle\int_1^R \frac{x}{(1+x^2)(x+1)}\,dx =$

$\displaystyle\frac{1}{2}\int_1^R \left(\frac{1}{1+x^2} + \frac{x}{1+x^2} - \frac{1}{x+1}\right)dx = \frac{1}{2}\left[\arctan x + \frac{1}{2}\log\left(1+x^2\right) - \log(x+1)\right]_1^R$

$\displaystyle = \frac{1}{2}\left[\arctan x + \log\frac{\sqrt{1+x^2}}{x+1}\right]_1^R = \frac{1}{2}\left(\arctan R + \log\frac{\sqrt{1+R^2}}{R+1} - \frac{\pi}{4} - \log\frac{1}{\sqrt{2}}\right)$ より,

$\displaystyle\int_1^\infty \frac{x}{(1+x^2)(x+1)}\,dx = \lim_{R\to\infty}\int_1^R \frac{x}{(1+x^2)(x+1)}\,dx = \frac{\pi}{8} + \frac{\log 2}{4}$

問 3. 部分積分により,

$$\int_\varepsilon^R \frac{1-\cos x}{x^2}\,dx = \int_\varepsilon^R (1-\cos x)\left(-\frac{1}{x}\right)'dx = \left[-\frac{1-\cos x}{x}\right]_\varepsilon^R + \int_\varepsilon^R \frac{\sin x}{x}\,dx$$

となり, $\varepsilon \to 0$, $R \to \infty$ として, $\displaystyle I_1 = \int_0^\infty \frac{\sin x}{x}\,dx = \frac{\pi}{2}$ を得る.

同様に, 部分積分と置換積分 $(t = 2x)$ により,

$$I_2 = \int_0^\infty \frac{2\sin x\cos x}{x}\,dx = \int_0^\infty \frac{\sin 2x}{x}\,dx = \int_0^\infty \frac{\sin 2x}{2x}\cdot 2\,dx = \int_0^\infty \frac{\sin t}{t}\,dt = \frac{\pi}{2}$$

問 4. **(1)** $\displaystyle\Gamma(1) = \int_0^\infty e^{-t}\,dt = \lim_{R\to\infty}\int_0^R e^{-t}\,dt = \lim_{R\to\infty}\left[-e^{-t}\right]_0^R = \lim_{R\to\infty}\left(-e^{-R} + 1\right) = 1$

(2) 部分積分により, $\displaystyle\int_\varepsilon^R e^{-t}\,t^x\,dt = \int_\varepsilon^R \left(-e^{-t}\right)'t^x\,dt = \left[-e^{-t}\,t^x\right]_0^R - \int_\varepsilon^R \left(-e^{-t}\right)\cdot\frac{d}{dt}\,t^x\,dt$

$$\left[-t^x e^{-t}\right]_\varepsilon^R + x \int_\varepsilon^R e^{-t} t^{x-1} \, dt. \quad R \to \infty, \ \varepsilon \to +0 \ \text{として} \ \Gamma(x+1) = x\Gamma(x) \ \text{を得る}.$$

(3) $\Gamma(n+1) = n\Gamma(n) = n(n-1)\Gamma(n-1) = n(n-1) \cdots 2 \cdot 1 \cdot \Gamma(1) = n!$

問 5. $\dfrac{dx}{dy} = \dfrac{2y \cdot y - (y^2 - b^2)}{2y^2} = \dfrac{y^2 + b^2}{2y^2}$. $R > 0$ に対して, $\rho > 0$ を $R = \dfrac{\rho^2 - b^2}{2\rho}$ に

より定めると, 置換積分により, $\displaystyle\int_0^R \dfrac{dx}{\left(\sqrt{x^2 + b^2}\right)^3} = \int_b^\rho \dfrac{1}{\left(\dfrac{y^2 + b^2}{2y}\right)^3} \cdot \dfrac{y^2 + b^2}{2y^2} \, dy$

$$= \int_b^\rho \dfrac{4y}{\left(y^2 + b^2\right)^2} \, dy = \left[-\dfrac{2}{y^2 + b^2}\right]_b^\rho = -\dfrac{2}{\rho^2 + b^2} + \dfrac{1}{b^2} \ \text{と変形される. したがって,}$$

$$E_y = 2k\lambda b \int_0^\infty \dfrac{dx}{\left(\sqrt{x^2 + b^2}\right)^3} = 2k\lambda b \cdot \lim_{\rho \to \infty} \left(-\dfrac{2}{\rho^2 + b^2} + \dfrac{1}{b^2}\right) = 2k\lambda b \cdot \dfrac{1}{b^2} = \dfrac{2k\lambda}{b}$$

5.2

問 1. X の目が出たときの賞金 $g(X)$ [円] は

X	1	2	3	4	5	6
g	1000	500	500	100	100	100

である. したがって, 賞金の期待値は, $E\{g(X)\} = 1000 \times (1/6) + 500 \times (2/6) + 100 \times (3/6) = (1000 + 1000 + 300)/6 = 2300/6 = 383.333 \cdots$ (円) となり, 期待値が参加料より小さいので, 参加することは損である.

問 2. (1) X のとりうる値の範囲が $0 \le X \le 2$ であることから, $F(2) = P(X \le 2) = 1$ である. $F(2) = 4a = 1$ より, $a = 1/4$ **(2)** $F(x) = x^2/4 = 1/2$ より, $x^2 = 2$. $0 \le x \le 2$ より, $x = \sqrt{2}$

(3) $0 < x < 2$ のとき, $f(x) = F'(x) = x/2$. $\therefore E(X) = \displaystyle\int_0^2 x f(x) \, dx = \dfrac{1}{2} \int_0^2 x \cdot x \, dx =$

$$\dfrac{1}{2} \times \left[\dfrac{x^3}{3}\right]_0^2 = \dfrac{1}{2} \times \dfrac{8}{3} = \dfrac{4}{3}, \ V(X) = \int_0^2 \left(x - \dfrac{4}{3}\right)^2 f(x) \, dx = \int_0^2 \left(\dfrac{x^3}{2} - \dfrac{4}{3} x^2 + \dfrac{8}{9} x\right) dx$$

$$= \left[\dfrac{x^4}{8} - \dfrac{4}{9} x^3 + \dfrac{4}{9} x^2\right]_0^2 = \dfrac{2}{9}$$

問 3. $x > 0$ のとき, $f(x) = F'(x) = \lambda e^{-\lambda x}$. $\displaystyle\int_0^R x \lambda e^{-\lambda x} \, dx = \int_0^R x \left(-e^{-\lambda x}\right)' dx =$

$$\left[-x e^{-\lambda x}\right]_0^R + \int_0^R e^{-\lambda x} \, dx = -R e^{-\lambda R} + \dfrac{1}{\lambda}\left(1 - e^{-\lambda R}\right)$$

$$\therefore E(X) = \int_0^\infty x \lambda e^{-\lambda x} \, dx = \lim_{R \to \infty} \int_0^R x \lambda e^{-\lambda x} \, dx = \dfrac{1}{\lambda}.$$

同様に, 部分積分により,

$$\int_0^R \left(x - \dfrac{1}{\lambda}\right)^2 \lambda e^{-\lambda x} \, dx = \dfrac{1}{\lambda^2} - \left(R - \dfrac{1}{\lambda}\right)^2 \lambda e^{-\lambda R} + \dfrac{2}{\lambda} \int_0^R x \lambda e^{-\lambda x} \, dx - \dfrac{2}{\lambda^2} \int_0^R \lambda e^{-\lambda x} \, dx$$

$$\therefore V(x) = \int_0^\infty \left(x - \dfrac{1}{\lambda}\right)^2 \lambda e^{-\lambda x} \, dx = \dfrac{1}{\lambda^2}$$

問 4. 分布関数 $F(x)$ は $x=0$ と $x=10$ で不連続，それ以外で連続である．したがって，スティルチェス積分 $E(X) = \int_{-\infty}^{\infty} x\,dF(x)$ は，$x=0$ と $x=10$ で「和」になり，それ以外では，次の密度関数に関する積分になる．

$$f(x)\left(= F'(x)\right) = \begin{cases} 0 & (x<0) \\ 0 & (0<x<2) \\ 0.1 & (2\leq x<10) \\ 0 & (x>10) \end{cases}$$

$$E(X) = 0 \times \left(\lim_{x\to+0} F(x) - \lim_{x\to-0} F(x)\right) + \int_0^2 x\cdot 0\,dx$$

$$+ \int_2^{10} x\cdot 0.1\,dx + 10 \times \left(\lim_{x\to10+0} F(x) - \lim_{x\to10-0} F(x)\right)$$

$$= \left[0.05\,x^2\right]_2^{10} + 10\times(1-0.88) = 4.8+1.2 = 6 \quad (\text{万円})$$

5.3

問 1. 各 β に対して，0 から u_β までの積分値は次のようになる．

$$\beta=10 \qquad \frac{1}{\sqrt{2\pi}}\int_0^{u_\beta} e^{-\frac{z^2}{2}}\,dz = 0.5-0.1 = 0.4$$

$$\beta=5 \qquad \frac{1}{\sqrt{2\pi}}\int_0^{u_\beta} e^{-\frac{z^2}{2}}\,dz = 0.5-0.05 = 0.45$$

$$\beta=2.5 \qquad \frac{1}{\sqrt{2\pi}}\int_0^{u_\beta} e^{-\frac{z^2}{2}}\,dz = 0.5-0.025 = 0.475$$

$$\beta=1 \qquad \frac{1}{\sqrt{2\pi}}\int_0^{u_\beta} e^{-\frac{z^2}{2}}\,dz = 0.5-0.01 = 0.49$$

さらに，最も近い積分値を与える u の値を正規分布表から求めると，次のようになる．

β (%)	20	10	5	2.5	1
u_β	0.84	1.28	1.64	1.96	2.33

参考 $\beta=5$ のときの近似値は $u=1.65$ でもよい．上側 5％点のより正確な近似値は $u_5=1.6448$（両者の中間ぐらい）である．

問 2. (1) $z=\dfrac{x-\mu}{\sigma}$ $(x=\sigma z+\mu)$ とおいて置換積分する．$\dfrac{dx}{dz}=\sigma$ より，

x	$\mu \to b$
z	$0 \to \beta$

$$\frac{1}{\sqrt{2\pi}\,\sigma}\int_\mu^b e^{-\frac{(x-\mu)^2}{2\sigma^2}}\,dx = \frac{1}{\sqrt{2\pi}\,\sigma}\int_0^\beta e^{-\frac{z^2}{2}}\cdot\sigma\,dz = \frac{1}{\sqrt{2\pi}}\int_0^\beta e^{-\frac{z^2}{2}}\,dz$$

(2) $(32-26)/4.0 = 1.5$. また，正規分布表から，$\dfrac{1}{\sqrt{2\pi}}\int_0^{1.5} e^{-\frac{z^2}{2}}\,dz = 0.4332$ となる．したがって，体長 32 m 以上のクジラの割合は $\dfrac{1}{\sqrt{2\pi}}\int_{1.5}^{\infty} e^{-\frac{z^2}{2}}\,dz = 0.5-0.4332 = 0.0668$ となり．

$500 \times 0.0668 = 33.4$ より，<u>33（頭）</u>.

問 3. **問 1** の解答より，$\dfrac{1}{\sqrt{2\pi}} \displaystyle\int_0^u e^{-\frac{z^2}{2}}\, dz = 0.49$ となる u（上側 1 ％ 点）の近似値は $u = 2.33$. 対応する身長を x [cm] とすると，

$$\frac{x - 158}{5.2} = 2.33 \quad \rightarrow \quad x = 158 + 5.2 \times 2.33 = 170.116$$

となることから，<u>170.1 cm 以上</u>.

問 4. **(1)** X は $B(900, 0.8)$ に従うことから，$900 \times 0.8 = 720$，$900 \times 0.8 \times 0.2 = 144 = 12^2$ より，近似的に，$N(720, 12^2)$ に従う．標準化した $Z = \dfrac{X - 720}{12}$ は，近似的に，標準正規分布に従い，$P(X \geq 700) = P(Z \geq -5/3) = 0.5 + P(0 \leq Z \leq 1.67)$ が成り立つ．正規分布表から，$P(X \geq 700) = 0.5 + 0.4525 = 0.9525$.（二項分布で計算すると 0.954804 となり，近似値 0.9525 は 2.3×10^{-3} ほど小さい．）　**(2)** X が $B(n, 0.8)$ に従うとすると，$n \times 0.8 = 0.8\,n$，$n \times 0.8 \times 0.2 = 0.16\,n = 0.4^2\,n$ より，X は，近似的に，$N\!\left(0.8\,n, (0.4\sqrt{n})^2\right)$ に従う．したがって，標準化した $Z = \dfrac{X - 0.8\,n}{0.4\sqrt{n}} = \dfrac{\sqrt{n}(X/n - 0.8)}{0.4}$ は標準正規分布に従い，$X/n \geq 0.79$ のとき，$X/n - 0.8 \geq -0.01 \rightarrow Z \geq -\sqrt{n}/40$ となることから，$P(X/n \geq 0.79) = 0.5 + P(0 \leq Z \leq \sqrt{n}/40)$ が成り立つ．したがって，$\sqrt{n}/40 \geq 1.28$（上側 10 ％点．**問 1** の解答参照）ならば，$P(X/n \geq 0.79) \geq 0.9$ が成り立ち，$\sqrt{n} \geq 1.28 \times 40 = 51.2$ より，$n \geq 51.2^2 = 2621.44$. 求める最小の整数 n は $n = 2622$（二項分布を用いて求めた最小値は $n = 2562$）.

正規分布表

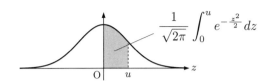

u	0.00	0.01	0.02	0.03	0.04	0.05	0.06	0.07	0.08	0.09
0.0	0.0000	0.0040	0.0080	0.0120	0.0160	0.0199	0.0239	0.0279	0.0319	0.0359
0.1	0.0398	0.0438	0.0478	0.0517	0.0557	0.0596	0.0636	0.0675	0.0714	0.0753
0.2	0.0793	0.0832	0.0871	0.0910	0.0948	0.0987	0.1026	0.1064	0.1103	0.1141
0.3	0.1179	0.1217	0.1255	0.1293	0.1331	0.1368	0.1406	0.1443	0.1480	0.1517
0.4	0.1554	0.1591	0.1628	0.1664	0.1700	0.1736	0.1772	0.1808	0.1844	0.1879
0.5	0.1915	0.1950	0.1985	0.2019	0.2054	0.2088	0.2123	0.2157	0.2190	0.2224
0.6	0.2257	0.2291	0.2324	0.2357	0.2389	0.2422	0.2454	0.2486	0.2517	0.2549
0.7	0.2580	0.2611	0.2642	0.2673	0.2704	0.2734	0.2764	0.2794	0.2823	0.2852
0.8	0.2881	0.2910	0.2939	0.2967	0.2995	0.3023	0.3051	0.3078	0.3106	0.3133
0.9	0.3159	0.3186	0.3212	0.3238	0.3264	0.3289	0.3315	0.3340	0.3365	0.3389
1.0	0.3413	0.3438	0.3461	0.3485	0.3508	0.3531	0.3554	0.3577	0.3599	0.3621
1.1	0.3643	0.3665	0.3686	0.3708	0.3729	0.3749	0.3770	0.3790	0.3810	0.3830
1.2	0.3849	0.3869	0.3888	0.3907	0.3925	0.3944	0.3962	0.3980	0.3997	0.4015
1.3	0.4032	0.4049	0.4066	0.4082	0.4099	0.4115	0.4131	0.4147	0.4162	0.4177
1.4	0.4192	0.4207	0.4222	0.4236	0.4251	0.4265	0.4279	0.4292	0.4306	0.4319
1.5	0.4332	0.4345	0.4357	0.4370	0.4382	0.4394	0.4406	0.4418	0.4429	0.4441
1.6	0.4452	0.4463	0.4474	0.4484	0.4495	0.4505	0.4515	0.4525	0.4535	0.4545
1.7	0.4554	0.4564	0.4573	0.4582	0.4591	0.4599	0.4608	0.4616	0.4625	0.4633
1.8	0.4641	0.4649	0.4656	0.4664	0.4671	0.4678	0.4686	0.4693	0.4699	0.4706
1.9	0.4713	0.4719	0.4726	0.4732	0.4738	0.4744	0.4750	0.4756	0.4761	0.4767
2.0	0.4772	0.4778	0.4783	0.4788	0.4793	0.4798	0.4803	0.4808	0.4812	0.4817
2.1	0.4821	0.4826	0.4830	0.4834	0.4838	0.4842	0.4846	0.4850	0.4854	0.4857
2.2	0.4861	0.4864	0.4868	0.4871	0.4875	0.4878	0.4881	0.4884	0.4887	0.4890
2.3	0.4893	0.4896	0.4898	0.4901	0.4904	0.4906	0.4909	0.4911	0.4913	0.4916
2.4	0.4918	0.4920	0.4922	0.4925	0.4927	0.4929	0.4931	0.4932	0.4934	0.4936
2.5	0.4938	0.4940	0.4941	0.4943	0.4945	0.4946	0.4948	0.4949	0.4951	0.4952
2.6	0.4953	0.4955	0.4956	0.4957	0.4959	0.4960	0.4961	0.4962	0.4963	0.4964
2.7	0.4965	0.4966	0.4967	0.4968	0.4969	0.4970	0.4971	0.4972	0.4973	0.4974
2.8	0.4974	0.4975	0.4976	0.4977	0.4977	0.4978	0.4979	0.4979	0.4980	0.4981
2.9	0.4981	0.4982	0.4982	0.4983	0.4984	0.4984	0.4985	0.4985	0.4986	0.4986
3.0	0.4987	0.4987	0.4987	0.4988	0.4988	0.4989	0.4989	0.4989	0.4990	0.4990
3.1	0.4990	0.4991	0.4991	0.4991	0.4992	0.4992	0.4992	0.4992	0.4993	0.4993
3.2	0.4993	0.4993	0.4994	0.4994	0.4994	0.4994	0.4994	0.4995	0.4995	0.4995

索　引

著者紹介

小藤　俊幸（ことう　としゆき）

1986 年東京大学大学院理学系研究科数学専攻修士課程修了．富士通研究所研究員，電気通信大学助教授，名古屋大学准教授を経て，現在，南山大学教授．博士（工学）．情報処理学会，日本応用数理学会，日本数学会，日本数学教育史学会会員．

著訳書

『新版 情報処理ハンドブック』（分担執筆，オーム社）
『常微分方程式の解法』（共著，共立出版）
『微分方程式による計算科学入門』（共著，共立出版）
『常微分方程式の数値解法 II 発展編』（共訳，丸善出版）
『第 2 版 現代数理科学事典』（分担執筆，丸善出版）

考える力をつけるための微積分教科書　［増補版］

2019 年 12 月 25 日	第 1 版	第 1 刷	発行
2020 年 11 月 30 日	第 2 版	第 1 刷	発行
2024 年 3 月 10 日	増補版	第 1 刷	印刷
2024 年 3 月 30 日	増補版	第 1 刷	発行

著　　者　　小　藤　俊　幸
発 行 者　　発　田　和　子
発 行 所　　株式会社　学術図書出版社

〒113−0033　　東京都文京区本郷 5 丁目 4 の 6
TEL 03−3811−0889　　振替　00110−4−28454
印刷　三和印刷（株）